安保法制から考える憲法と立憲主義・民主主義

杉田　敦
青井未帆
柿崎明二
木村草太
豊　秀一

長谷部恭男・編

目　次

編者・執筆者紹介

長谷部恭男（はせべ・やすお）
早稲田大学教授（憲法）

杉田　敦（すぎた・あつし）
法政大学教授（政治理論）

青井未帆（あおい・みほ）
学習院大学教授（憲法）

柿崎明二（かきざき・めいじ）
共同通信社論説委員

木村草太（きむら・そうた）
首都大学東京教授（憲法）

豊　秀一（ゆたか・しゅういち）
朝日新聞編集委員

序　文

長谷部恭男

2015年9月に成立した安保関連法制は，集団的自衛権の行使を容認するその核心部分において違憲であるだけでなく，その時々の政権の判断によって憲法の意味内容を改変しようとする点で，立憲主義そのものを破壊するものだとしばしば指摘される。政治権力を憲法によって拘束する立憲主義という観念を世に広めた点で，安倍政権はきわめて優れた反面教師である。

90年代の政治制度改革は，日本政治の構造を根本的に変えた。各選挙区で相対多数を得票した1名のみが選出される小選挙区制を核として機能する選挙制度の下で自由民主党は変質し，候補者の公認権を掌握する党執行部＝官邸に権限が集中した。異なる政策を志向する複数派閥の緩やかな集合体で，政権の行き過ぎがあれば必ず異なる方向からの揺れ戻しを想定し得た，バランスのとれたかつての自民党は，今は存在しない。新人議員を訓練し，一人前の政治家へと育成する派閥の機能も大きく損なわれた。良識を欠く新人議員の言動が目につく1つの要因である。他方で，各党の得票数の比率と獲得議席数の比率の間には，大きな乖離が生じている。多くの有権者が，当選の蓋然性のある候補者間での選択を行う戦略的な投票行動に習熟しない限り，この乖離の縮小は期待できない。現在の政権の行動は，こうした政治環境の変化をも勘案しつつ観察する必要がある。

民主政治は，自由な選挙を通じて選出された議員が審議・決定するプロセスにすぎないという言説が勢いを増している。国会での多数決がすべてであり，与党多数派は次の国政選挙までの一定期間，国政の決定権限を有権者から白紙委任されている，という割り切りである。「決められる政治」を目指すこの単純きわまる思考様式は，長い年月を通じて多くの人々の知恵と経験により紡ぎ出された伝統や慣行を意に介そうとしない。

その場その場の多数決が，長い年月を経て妥当性を示してきた伝統や慣行より優れた結論を示すという浅薄な主張の，その論拠は何か。民主主義とはそういうものだという循環論以上の答えは，用意されているのだろうか。政治と経済のグローバル化が進行して，一国の政治選択の幅が狭まる現在，民主的に「決める」ことの意義をどれほどに見積もるべきなのか。直近の選挙で選ばれた多数派が，国民との長年にわたる約束をいとも簡単に破棄しようとするとき，国民にはどのような対抗手段が残されているのか。こうしたいろいろな問題も考えていく必要がある[1)]。

立憲主義は多様な意味合いを含むことばである。しかし，その最低限度の意味内容として，憲法による政治権力の拘束が含まれることに異論はないであろう。しかし，憲法はそれ自体として行動するわけではない。憲法の内容を実現し，政治権力を拘束し制止するのは，具体的な人間である。

一国には，国民の意思を決定し，それを実施する多様な機関が存在する。国会，政府，裁判所が存在し，それぞれが，各議院に，内閣・行政各部に，最高裁および下級裁判所へと分岐する。憲法を理解し，それを運用するのは，これらの各機関に務める具体的な人々である。

憲法の条文の意味内容は，明確で疑いようのないこともある。参議院議員の任期は6年だとの規定（憲法46条）は，その例である。しかし，基本権条項をはじめとして，憲法の多くの条文は抽象的で漠然としている。さらには一見したところ，明確であるかに見える条文であっても，そう見える通りに理解したのでは，いかにも良識に反する結論に至ることもある。こうした条文は，そのままでは人々の行動を指示し，方向づける役割――「権威(authority)」としての役割――を果たすことができない。

そうしたときに必要となるのが解釈である。憲法9条についても，どのような解釈を行うべきかが，長年にわたって議論されてきた。条文の日本語としての意味に即して理解すればそれで足りるという単純な主張は，法律学がいかに社会に貢献すべきかを十分に理解しない，良識を弁えない人々の主張である。

1）　これらの諸論点については，本書所収の鼎談「『安保法制』から考える立憲主義・民主主義」のほか，さしあたり論究ジュリスト5号（2013年）「〈特集〉いま，選挙制度を問い直す」所収の長谷部恭男「序言　選挙制度をめぐる諸問題」および長谷部恭男＝柿﨑明二＝杉田敦＝高見勝利による座談会「選挙制度と政党システムの未来」参照。

条文の日本語としての意味が頼りにならず，解釈が必要となるとき，次に起こる問題は，各人がそれぞれに解釈をしていれば足りるというわけにはいかないことである。それでは，憲法が憲法としての役割——政治権力を拘束するという役割——を果たすことができない。条文に代わって権威として機能する「有権解釈（authoritative interpretation）」が必要となる。誰の解釈が有権解釈となるのか。政治権力を実効的に拘束する「機能する憲法」をいかにして作り上げていくことができるのか。それが，憲法9条について問題となる。ここでも，一切の法令の憲法適合性を最高裁が最終的に判断すると定める憲法81条の条文を根拠に，答えを単純に割り切ることはできない[2)]。

憲法9条をめぐる問題がここまでこじれてしまった以上，理想に即した新たな9条を制定すべく，憲法改正に取り組むべきだとの議論もある。一見したところ，心地よく響く主張ではある。憲法の条文に癒しがたい欠陥があり，それが日本社会に深刻なダメージを現に与えているのであれば，一刻も早く憲法を変えるべきであろう。誰もが認めるそんなダメージはどこにあるのだろうか。

この問題に回答するためには，その前提として，9条がどのような性格の条文なのかという論点に答えておく必要がある。前節で述べたように，9条自体が，許容されている武力行使の範囲や保持し得る実力について，明瞭な答えを与えてはいないのだとすると——つまり9条は，契約の効力について定める民法の条文や犯罪を処罰する刑法の条文と異なり，条文自体によって法律問題に直接，回答を与えているわけではないのだとすると——いわゆる「9条と現実との乖離」と言われる問題自体が，仮象問題であることになる。むしろ，われわれは9条の条文に示されている理念——平和主義——を手掛りに，いかにそれを解釈すべきかを考えるべきであって，いかに改正すべきかをまず考えるのは，お門違いだということになる[3)]。

---

2)　以上の諸論点については，本書所収の鼎談「『安保法制』から考える最高裁と内閣法制局の役割」のほか，長谷部恭男『憲法の理性〔増補新装版〕』（東京大学出版会，2016年）補章ⅠおよびⅡ参照。

3)　仮に，9条が刑法や民法の通常の条文と同じく，人の行動を直接に方向づける「権威（authority）」として機能する条文として想定されているとしても，「現実との乖離」

仮に理想に即した改正を行うとしても，何が理想かは人によりさまざまである。改正によって誰のどの理想を実現すべきなのか。しかも，憲法改正を発議するのは，結局は国会の多数派であり，彼らがあなたの理想に即した改正を発議する保証はどこにもない。武装組織による国政壟断の根を断ち，平和で安全な世界を維持していく上で，今の９条よりマシなものが手に入る根拠は，どこにあるのか。手に入る可能性がわずかでもあるとしても，そこへ到達するためのコストをも勘案したとき，現状を廃棄することが賢明だと言えるのか。実現可能な選択肢の中から，より悪くないものを選べという政治の要諦は，ここでも当てはまる。政治を語る場面で現実の結果に関する責任倫理が求められるのは，職業政治家だけではない[4)]。

本書では，以上で描いたような諸論点を含め，安保関連法制をめぐって浮かび上がってきた日本の政治状況の問題性，憲法を解釈・運用する諸制度とその機能等を，憲法学，政治学およびジャーナリズムの各界を代表する方々に縦横に論じていただいた。問題意識についても，またアプローチについても，昨年（2015年）８月に刊行された『検証・安保法案――どこが憲法違反か』[5)]に続くものである。今後の日本の憲法および政治の方向性を考える上で，参考にしていただければ幸いである。

本書の刊行については，有斐閣雑誌編集部長の亀井聡氏に万般にわたって懇切なお世話をいただいた。ここに記して厚く御礼申し上げる。

がただちに「規範を現実に合致させるための改正」の理由となるわけではない。窃盗犯をすべて100％必ず捕まえて処罰することが不可能だからといって，嘘をついていることになるから窃盗罪は廃止すべきだとか，100％は処罰できないことを予め条文に明示すべきだということにはならない。

4） 憲法「改正」をめぐる諸論点については，さらに論究ジュリスト９号（2014年）「〈特集〉憲法“改正”問題――国家のあり方とは」所収の諸論稿のほか，樋口陽一＝小林節『「憲法改正」の真実』（集英社新書，2016年）を参照。

5） 長谷部恭男編『検証・安保法案――どこが憲法違反か』（有斐閣，2015年）。

「安保法制」から考える
立憲主義・民主主義

（国会安保法制：時事）

杉田　敦
▶ 法政大学教授

木村草太
▶ 首都大学東京教授

柿崎明二
▶ 共同通信社論説委員

「安保法制」から考える立憲主義・民主主義

木村草太　　杉田　敦（司会）　　柿崎明二

I. 安保法制と立憲主義

1. 安保法制は何をもたらしたのか

杉田　まずは「安保法制は何をもたらしたのか」について伺います。2015年9月に成立した安保法制で，憲法9条という日本国憲法の根幹が傷つけられ，さらには立憲主義そのものに非常に大きなダメージがあったという意見がありますが，法制定の効果をどのように位置付けるか，木村さんからお話しいただけますか。

木村　緻密に見ていく必要があろうかと思います。安保法制と一口に言っても，様々な内容が含まれており，その全部が全部違憲である，あるいは9条に関わっているというわけではありません。

もちろん，そもそも自衛隊が9条違反である，個別的自衛権の行使も9条違反なのだというような立場をとれば，根っこから全部違憲という議論になるでしょう。実際に水島朝穂先生は，そのようにおっしゃっているわけです。

これに対して，個別的自衛権は合憲という立場，あるいは従来の政府の解釈は支持可能であるという立場に立った場合には，集団的自衛権の行使容認論が大変深刻になってきます。自衛隊法76条の防衛出動の条件が改正されまして，いわゆる存立危機事態での防衛出動が可能になりましたが，この存立危機事態とは果たしてどういう事態なのかということは，2015年の通常国会を通じて実は全く明らかにならなかった。

これは使いようのない条文なのだから，実質的に見れば，集団的自衛権の行使は容認されていないのだと，楽観的に見る見方が一方にあります。他方で，何に使うかわからないということは，逆に言うと，どんな場合でも使えるということでもあるから，これは結局，文言がどうであれ，歯止めは全くかからないだろうという見方もある。そもそも何が決まったかということ自体よくわからない，という状況が，今生じているのかなと思います。

したがって，私は，この法律はそもそも憲法9条に適合しているかどうかということを議論できるようなレベルには達していない，もっと手前で問題が起きていると思います。昨年7月13日の衆議院の公聴会でもお話をしましたが，現在に至るまで，存立危機事態とは何なのか明確な解釈指針が出されていない。そうだとすれば，この条文自体が曖昧不明確で，まともな立法とは言えず，違憲ではないかという疑いすらある状況です。ですから，まずこの条文がどういう条文なのかということをはっきりさせない限りは，9条が死んだかどうかといった疑問も意味をなさないであろうということかと思います。

次に，9条に限らず憲法全体の体系の問題ですが，仮にこの条文で集団的自衛権の行使が容認されたということになるのであれば，それは日本国憲法が負託している権限の範囲を飛び越えている，越権行為ということになるのではないでしょうか。

杉田　9条にかんしてはまた後で伺いますが，次に柿崎さんから政治家，とりわけ与党の受け止め方などについて，少しお話しいただけますか。

柿崎　少し文学的に言うと，憲法が「死んだ」というよりも，このまま行くと「殺される」可能性が出てきたのかなという感じがします。衆参で多数を持てば憲法解釈を変えてもよいというような印象が完全に共有されましたから。これは前例ができたと同時に，少なくとも今の国会議員やこれからそれを目指す人たちの意識を変えました。今後の解釈変更にあたってのハードルは確実に下がりました。

関連して，法的安定性は関係ないと礒崎陽輔補佐官が言いましたが，これは，法的安定性そのものについて述べたというよりも，法は現実に合わせるべきだということを強く言いたかったのだと思います。いわば現実対応至上主義が勝利を収め，政界を席巻しつつあることの現れなのではないか。日本を取り巻く安全環境の激変などという言い方をしますが，それがイコール，今回の安保法制が想定しているような脅威を言っているのか，仮に脅威があったとしても，それへの対応としては，今回のような集団的自衛権の行使容認が適切なのかといった議論がなかった。

しかも，今回はいろいろな反対があるとマスメディアやアカデミズムから言われたけれども，結局は内閣支持率は持ち直し，自分の地元でも「よくやったね」という声が多く，一時の批判も鎮静化してきたとなると，こうしたやり方に歯止めが利かなくなります。

参院選が仮に衆院選との同日選になった場合，野党が分立状態を解消できず，まわしを締めていないうちに相撲が始まってしまうようなことになって，三度，敗北を喫すると，「心が折れる」，つまりしばらく立ち直れないような状態になる可能性があります。

そうなった後，憲法の解釈変更が進められると，憲法は「死ぬ」というよりも「殺される」ことになるでしょう。9条は9条でも全く別の内容になっていくのではないかという感じがします。

杉田　今の点からもう少し派生して議論したいのですが，1つは，今，柿崎さんが言われた，解釈改憲によって事実上いろいろなことをやることで，政治の質が変わったという点についてです。解釈改憲の前例を作ったということは，一方では，確かに今後のさらなる解釈改憲の道を開いたと言えますが，他方で，ある意味で明文改憲の必要性はないというか，明文改憲よりも解釈改憲を積み重ねるという方向に向かっているとも言える。解釈改憲なのか明文改憲なのかというあたり，政界で，現在の雰囲気はどうなのですか。

柿崎　全体に共有されているかはともかく，安倍晋三首相には，9条のみならず，現行憲法，もっと言うと，憲法が制定された7年間の「占領レジーム」に対する憎悪というか嫌悪が非常に強いので，とりあえず9条ではなくてもいいから憲法改正への道を開きたいという欲望はあるのです。運良くというか，大阪維新の会が昨年の大阪府知事・大阪市長のダブル選挙で勝って

一定程度の勢力を維持していますので，今後考えられうる状況の中で，これほど3分の2に近づけるチャンスはない。少なくとも安倍首相在任中にはおそらくないので，多分狙ってくるだろうと思います。ただ，そのときには9条だけではなくて緊急事態条項などいろいろありますから。

杉田　なるほど。

柿崎　自民と公明とおおさか維新，あと小さい所がありますが，それらが選挙で一緒に勝って両院の3分の2を占めるという状況は確実ではありませんが，ありえないわけではありません。改憲側が3分の2を占めるか否かが焦点になっていますが，そんなに単純ではありません。仮に3分の2を占めることができなかった場合はより複雑な事態が生じる可能性があります。それは民主党の分裂と3分の2確保が同時にやってくるという状態です。野党議員が引き抜かれるのは，実は与党にある「穴」が開いているときですよね。与党が何かをしたいが，数がちょっと足りない。そういうときに野党が吸い込まれやすい。よく言えば「国民国家のためにわれわれに協力して下さい」，有り体に言えば「事実上党入りとなる3分の2のバスに乗りませんか」と言われて，民主党の何人かが出て行って，結果的に3分の2が完成するという可能性もあると思います。

杉田　関連して木村さんにいくつか伺いたいのですが，1つは，公明党は少なくともこの安保法制審議過程あるいはその直後には，一応，歯止めをかけたと主張していました。先ほど，存立危機事態について木村さんから，そもそも内容自体がまだ不明であるというお話があったのですが，公明党はそういう認識を今も持っているのでしょうか。

木村　文言自体は2014年7月1日閣議決定（以下「7・1閣議決定」という）から変わっていないわけですから，文言上の歯止めとしては，閣議決定の際に公明党がかけたものが残っています。政府の説明が混乱を極めているので悩ましくはあるのですが，純粋に条文の文言のみを読むならば，個別的自衛権の範囲でしか活動できないと解釈することはできるだろうと思いますし，そうした解釈が自然だと思います。そもそも我が国の存立云々という表現は，もともと個別的自衛権のことを表現する文言として使われてきたものです。ですから，その文言を踏襲している以上は，せいぜい同時攻撃を受けて，個別でも集団でもどちらも説明できる事態を言っているのだと解釈するのが自然でしょう。政府がその解釈を採用するのだと明確にするならば，条文の文言上は合憲と言えるはずです。このように，条文の文言をきちんと解釈する限りは，全く歯止めがないわけではありません。ですから私は，文言上は歯止めがかかっているという立場でお話ししてきたわけです。それは別に，だから安心しろという理論ではありません。従来の解釈論をしっかりと踏まえた形で公明党がどう振る舞うか，そこが今後の安保法制にも影響を与えるということで，7・1閣議決定後はお話ししていたわけです。

その後の公明党の振る舞いはどちらなのかなと見ていたのですが，公明党が決定的に一線を踏み越えたなと評価せざるをえないポイントがいくつかあります。一番大きかったのは，長谷部恭男先生が昨年6月4日に憲法審査会で違憲だと発言したときの，公明党の北側一雄さんの発言です。北側さんは長谷部先生の発言に対して，「これは個別的自衛権では説明がつかない武力行使を認めるためのものなのです」ということをはっきりおっしゃいました。日本の近海でアメリカ軍が攻撃を受けたけれど，まだ日本は武力攻撃を受けたとは言えない。そのような場合にも使えるのだという説明をしたので，これは一線を踏み越えたのだろうと判断しました。

ただ，昨年の9月14日，これは参議院での可決ぎりぎりのときの審議ですが，公明党の山口那津男代表が参議院議員として質問に立って，この北側さんの発言を打ち消すような発言もしています。具体的には，存立危機事態というのは，武力攻撃事態とほぼ重なるのではないか，という質問を横畠裕介内閣法制局長官にしているのです。横畠法制局長官は，武力攻撃事態等でないにもかかわらず，純粋に存立危機事態が認定される場合というのは「まずない」と答弁しています。「まずない」ということは，「要件を満たさない」との推定が働くということですから，「まずない」であろう事態があったと証明するのは政府の側の責任ということになります。常識的に考えてそんな証明は不可能ですから，山口代表と横畠長官のやり取りによって，存立危機事態条項は，事実上使えない条項にまで追い詰められたと見ることはできるでしょう。

しかし，「武力攻撃事態でないにもかかわらず，存立危機事態が認定される場合は理論的にありえない」というところまでいかず「まずない」という言い方にとどまってしまったところは，非常に問題です。「理論的に絶対ない」というのとは違うわけですから，歯止めには限界があります。

杉田　先ほど柿崎さんが言われたような，一度は一線を越えたのだから何度越えても平気だという方針を，自民党の全部でないまでも一部が，とりわけ政権中枢等が仮に持っているとして，公明党はそれに対してはどういう対応をすることになるのでしょうか。今回ある程度譲ることで，今後は憲法9条がらみはいじらせないという心づもりで譲っていたのに，自民党に裏切られたとすれば，言わば自らパンドラの箱を開けてしまったことになるわけですが。

木村　それは公明党の議員の発言を細かく分析しないとわからない。先ほど言ったように，法律の内容自体が曖昧です。その上，安倍首相は，これはイラクを空爆したり，中東で戦争をするための条項ではないのだ，湾岸戦争やアフガニスタン戦争に参加するようなことは今後もないのだということをずっと言っている。そうした点を考えると，全面的な集団的自衛権の行使というものに踏み切る自信はまだないのだろうと思います。そういう意味では，まさに柿崎さんがおっしゃったように，どこでとどまるのかということ自体が，まだ固まっていないので，歯止めをかけることはまだできる段階ではあろうと思います。

ただ，今後の安保法制がどうなるかというのは，公明党の動きというよりは，世論全体の問題となるのではないかと思います。日本が本格的に海外で軍事活動をしたときに，世論がどのような反応をするのか。その反応によって，歯止めが機能するのか，それとも，なし崩し的に何でもできるようになってしまうのかが決まるのだと思います。本格的に軍事活動をしたときに止める気が世論の側にあるのか，そういう議論形成能力があるのかということも，まだまだ未知数です。

杉田　そうすると，これは後の点とも関係してきますが，反対運動の側では「2015年安保」という言葉もあって，それなりに人々は立ち上がったという話もしているのですが，政権側から見ると，これはだいぶ抵抗されて懲りたというか，あの話でこれだけやられるのでは，今後もっと踏み込んだことをしたら大変だというような認識はないのでしょうか。そのあたりを柿崎さんにお聞きしたいのですが。

柿崎　公明党のほうですか。自民党ですか。

杉田　自民党というか野党も含む政界全体です。去年の抵抗というのは，それなりに堪えているのか，それとも，あのぐらいで済んだからもっといけるということなのか，そのあたりの評価です。

柿崎　堪えていないですね。堪えるのかなと思った時期もあったのですが，結局，今まで来てしまってみると，あまり堪えていない。比較的ものをわかっているなと思っている議員でも，特に感じていない。

杉田　やはり一部の反応だったという位置付けですか。

柿崎　先ほども述べたことですが，現状はやはり，安倍首相が当初想定したものよりはかなり，公明党の存在もあって抑えたものにはなっているのですが，それでも前から比べればゼロから1にはなっているので，この「たかが1，されど1」の影響が大きいのかなと。2とか3に比べれば1は少ないのですが，ゼロから1になったことの影響が，国会議員の意識や思考にすごく影響を与えたのだろうなという感じはします。

それと，公明党で言うと，よく「ブレーキ役」とご自身たちも言いますし，メディアでもそのように言うときがありますが，私から見ると，ブレーキでなく，セカンドギアかサードギアという感じです。マニュアル車をご存じない方には分かりにくい比喩ですが。トップギアからすれば，スピードを緩めている形だけれども，前に進めている。これは1990年代の，自公民と言われている時代からですよね。結局，公明党が付いていると安保政策は展開される。ご本人たちはそれをブレーキとみなしていますが，外から見ればそうではありません。

何でそうなるかというと，自公政権になってから，要は自公間の政策協議において法案を通すかどうかをほぼ決める形になってしまっていますよね。そうなると，もしも今回みたいな重要な問題で公明党が法案に反対するとなると，政権離脱の話になってくるのです。ところが，諸般の事情でおそらくそれはできないので，少し抑えながら自民党の持ち出してきた案件を通してあげるというようなことが，実態としてずっと続いてきているのではないでしょうか。

2. 保守政治と安保法制

杉田　ところで自民党は結党以来，自主憲法制定を旗印にしてきました。たとえば中曽根康弘元首相も，戦後政治の総決算ということをすでに言っていたわけです。しかし，その中曽根さんも憲法には手をつけられなかったし，今回のような安保問題についてもできなかった。しかし，今回，安倍政権が10年越しで一歩も二歩も踏み出した。これをどう評価するかということなのですが，これについて，まず木村さんのほうから伺います。憲法をめぐって，護憲と改憲との対立が，論争としてはずっと続いてきたわけなのですが，憲法学界のほうから見ると，改憲論やタカ派的な安保政策の展開がこの時期に出てきた理由は，どう理解されているのですか。

木村　私は1980年生まれですので，当然60年安保は体験しておらず，紙の上での知識ではありますが，改憲の議論が本格的に高まったのは，むしろ今ではなくて，1991年の湾岸戦争のときだったように思うのです。なぜ本気の議論がなされたのかというと，湾岸戦争に参加するとすれば，明確に憲法を変えなければならなかったからです。当時は，湾岸戦争に参加しなかったことについて，国際貢献の観点からして適切だったのかどうかという政策的な議論もかなりされました。具体的な問題意識があったからこそ，改憲を主張する側にもそれなりの説得力があったように思います。

ところが，今回の安保法制は，そもそも，「この法律を変えて，具体的に何々を始めます」の「何々」という立法事実が全くはっきりしていない。ただ漠然と，安全保障環境が変わった，と繰り返すだけです。いったいどういう場合に何をしたいのかと聞いても，はっきりした答えは返ってこない。そういう意味では，今回，憲法の改憲論議が高まったのは，過去の改憲論議とは性格が違う印象を受けます。

今回の動きは，安倍首相の人格に加えて，外務省を中心とした実務家たちの要望が全部乗っかったものが，あの法案として上がってきて，それがたまたま通るような政治状況だったと見るほうがよいのではないかと思います。結局，安倍首相に，集団的自衛権の行使に踏み込みたいという抽象的な観念だけがあって，実際に動いたものは，またそれとは違う，非常に官僚主導的な法案だったのではないかと見るのが正しいのではないかと思います。

杉田　柿崎さんはそのあたりについてどうお考えですか。これまでの自民党政治の中でどう位置付けるか，なぜ中曽根さんもできなかったのかというあたりも含めてお願いします。

柿崎　中曽根さんの時代との比較について言えば，かつての仮想敵はソ連でしたが，実際にソ連が北海道に攻めてくるということは，国民の間で現実的な危機として共有されていたわけではありませんでした。札幌生まれの大学の友人に聞いても，同じでした。戦争は，米ソの核戦争か，どこか別の所で起きると思われていました。単に，ソ連が攻めてくるというそれこそ「仮想事態」で安保政策は構成されていました。

ところが，最近では中国が台頭してきた。その少し手前に北朝鮮の動きもあります。これが，人々の意識を大きく変えたということだと思います。ただ，中国についても，中国が日本の本土に攻めてくるというのは誰も考えていないですね。中国も考えていないと思いますが。中国の経済大国化，軍事大国化と，尖閣諸島についての，実効支配の取り合いの問題などになりますが。しかし，それが「仮想」ではないリアルな問題として意識されるようになっています。

もう1つは，やはり自民党の衰退の結果として，公明党が与党に入ったことで，連立政権になり，与党が1つではなくなった。平和の党，大衆の党を自任，支持基盤も異にする元野党の公明党が入ってくれた。出自も理念も違う2党が協議，決定を行う，つまり責任を分担することで，物事を進めやすくなった。公明党は，自民党がこれだけ頼むと持ち込んだものを反対したことは一度もない。先ほども言いましたが，ブレーキはブレーキでも，ギアによるエンジンブレーキということだと思います。やはり分かりにくい比喩ですが。

杉田　つまり，自民党内のかつての派閥対立よりは，自公対立のほうが，主流派からすればむしろ御しやすいということですか。

柿崎　そうです。

杉田　なるほど。そういうことですか。

柿崎　自民党内のハト派やリベラル派のつまづきは多分，「加藤の乱」（2000年に，加藤紘一・谷垣禎一ら，宏池会の議員らが，森内閣打倒の動きを見せながら挫折した事件）ではないでしょうか。その失敗というのがあり，さらに，小選挙区制度下での政党間競争があった。その結果，自民党の単色化が一気に進んだのが，下野後ですよね。私は安倍首相だけにスポットを当てるよりも，安倍首相と谷垣さんの合作ととらえるべきだと思います。自民党憲法改正草案は谷垣総裁のときに作っていますので，グッと全体的に右に寄ったのはそのときなのです。

杉田　谷垣さんという人はもともとそうだったのですか。

柿崎　違います。多分，小選挙区制度に対応しようとしたからだと思います。ただ過剰だった。制度に対応すること自体は正しいのですが，方向性と程度が違っていたのではないかと思います。それによって，自民党内の構造が変化しました。

杉田　自民党が一度野党に転落したことが大きかった。野党時代に今の改憲草案を作ったことに象徴されるように，自民党が従来よりも右旋回し，多元性を失ったということですよね。

柿崎　はい。

杉田　そうした構造が，基本的に現在も維持されてしまっているということでしょうか。われわれは，今回の法案審議の過程でも，その初期においては，さすがに自民党の中でも少しは批判が出てくるのではないかと思ったのですが，出てきませんでした。これについて，今も小選挙区制が影響しているとのお話でしたが，確かにそうした面はあるにしても，しかし，選挙がものすごく強い人もいるわけですよね。絶対に選挙で落ちないような人もいるわけで，そういう人たちも含めて，ここまで政権に従っているというのはどういうことなのか。そのあたりはどうなのでしょうか。

柿崎　ここは少し属人的な問題になるのですが，宏池会の嫡流と言われた谷垣さんが，ここでも，かなりの思い違いをしているのではないかと思います。谷垣さんは今，幹事長です。外交を担う外相は岸田文雄さん，安保の責任者の防衛相は中谷元さんです。安倍政権は実は，「宏池会内閣」なのです。要は，理念も政策も政治姿勢も全く違う，むしろ反対側の人たちが安倍官邸を率先して支えているのです。谷垣さんはともかく党をまとめることが政治，自らの使命と思っているようです。まとめることが政治というのは正しいが，そのために理念，政策を棚上げしてしまう。そんな谷垣さんが幹事長をやっている。これが問題の根源かと。

そしていま，自民党の政治家のロールモデルが谷垣さんになってしまっているわけです。理念や政策を棚上げして，官邸にひたすら協力をすれば，重要ポストに座ることができる，という。谷垣さんにはポストに対する強い執着は感じられず，そのつもりもないのでしょうが，下から見れば谷垣さんらのようにしていれば，幹事長にもなれるし，外務大臣にも防衛大臣にもなれるという風に見える。ややこしいことに，これは多分，無意識のうちに自民党の議員の頭に刷り込まれています。派閥もなくなり，みんな官僚に右向け右というか上向け上で，ありあまっているはずの政治的なエネルギーを解消する場がない。昔は 24 時間 365 日，公務そっちのけで権力闘争をやっていました。それがなくなり，官邸に協力するだけになった。

杉田　その上，いろいろな不祥事を起こしたり，国会で下品なやじを飛ばす。

柿崎　そうです。多分にその傾向があります。民主党を叩く，安倍首相と同じ方向を向く，それに見合った言動をすることによって，いろいろなことをやらかしているというところがある。これはやはり党内の議論，もっと言えば権力闘争がないせいです。これも小選挙区制度に対しての過剰適応だと思います。これが自民党の統治力の低下を招いていると思います。現在，政治家の同僚や部下，官僚に対する力の源泉は地位と腕力です。利益供与は非常に難しくなった。しかし，地位があっても腕力がなければ軽んじられる。逆に腕力があれば重きを置かれ，地位もついてくる。若いときから造反を繰り返してきた菅義偉長官がその典型ですが。腕力の有無を見極めるには論争，権力闘争が必要ですが，なくなった。その究極が無投票に終わった総裁選です。

木村　加えて，今回の問題で言うと，これは礒崎さんがブログに書いていることですが，党内で集団的自衛権をめぐる議論が鎮静化したのが，2014年３月末の高村正彦副総裁の演説だと言っています。高村さんは，今回認める集団的自衛権とは限定容認にすぎず，必要最小限度の範囲でしかやらないのだという趣旨のことを言って，かつ，そこであの有名な，砂川判決を引き合いに出したわけです。そんなに大したことはやらないらしいという，言わば，「このビールはノンアルコールですよ」という宣言がなされて，しかも，「最高裁も飲んでいいと言っているのだ」という嘘が広まったわけです。それは専門家から見れば大嘘なのだけれども，国会議員が１つひとつの判例を細かく知っているわけではありません。弁護士資格を持ち，しかも党の要職にある副総裁が「最高裁がそう言っている」と言えば，それなりに党内が納得をするというようなところもあって，そうした事情も今回は大きいのかなと思います。

杉田　自民党内に，かつては少なくとも二大勢力，いわゆるハト派的な部分と，タカ派的な部分があって，対立する形で，一定の多元性を保つ機能を果たしてきたわけなのですが，それが機能しなくなった。ハトはみなタカにへつらっている。これはずっと続いていくものなのか，それともいくら権力への収斂とはいえ限界はくるのか，何かその兆しのような，亀裂の先駆けというようなものはないのでしょうか。もはや安倍体制は盤石なのか。そのあたりはいかがでしょう。

木村　それは，安倍首相だっていろいろな限界が寿命も含めてあるわけですから，いつかはどこかで代わらなければいけないわけですよね。その後の体制がどうなるかは，極めて不透明ではないでしょうか。今回の安保法が通ったのは，結局，安倍首相の個人的な信条に乗っかった部分が多分にあるわけですから，首相が代われば，全く違うカラーになるかもしれない。これから先，こういう強引な形で進むのは，武力行使に関わる問題ではないかもしれません。今回，この方向で進んだのは，まさに安倍首相の個人的な信条も大きかったわけです。他の人が総裁だったら，全く違う方向に進んだかもしれない。自民党と安倍首相個人を同一視するべきではないと思います。仮に自民党が与党を続けるとしても，ポスト安倍次第でしょう。

3. 野党の対応

杉田　与党内の，特に自公関係，それから今は自民党内の問題についてこれまで議論してきました。今度は野党の対応，あるいは院外でのいろいろな動きについて見ていきます。今回の審議過程での，民主党のパフォーマンスを柿崎さんはどのようにご覧になりましたか。

柿崎　おおさか維新の会があったために，非常にやりにくい状況になったことはたしかです。

杉田　そこを，もうちょっと教えていただけますか。

柿崎　つまり，おおさか維新は野党のポジションでいて，選挙のときにも野党で闘うのですけれども，時には，与党ではないが，官邸の協力勢力として動く。他方，民主党とはなかなか手を組まないわけです。そして，選挙の時は民主党の票を食うと。野党票を分断し，民主党が議席を取れる所を取れなくするという意味では，官邸サイドからすればとてつもなく有り難い存在だと思います。民主党にしてみれば，この政党への対応が難しい。

杉田　官邸との連携については，安倍さんとおおさか維新の会の橋下徹さんが時々長く話したりしているのが伝えられていますけれども，何を相談しているのかという噂はあるのですか。

柿崎　これは過去の経緯を見ればはっきりしていて，2012 年の総裁選で安倍さんは返り咲くのですけれども，その前の 2011 年の暮れぐらいから，谷垣さんの次に安倍さんと，誰も想定していない段階で橋下さんと，松井一郎さんが名前を挙げたのです。当時は自民党だけで 300 議席近く取るというのは誰も予測していなくて，自分たちに協力してくれる維新とのパイプがあるということで最初に浮かび上がるのです。その後で状況が変わってきて，自民党１党だけで過半数を取る状況になってきます。最初に自分を浮かび上がらせてくれたのは橋下さんと松井さんだという意識は，安倍さんには強くあります。

橋下さんが心の中でどう考えているかはわかりませんけれども，彼らの破壊力というか，エネルギーに対する安倍さんと菅官房長官の期待というのはすごく強いはずです。

また，先ほど自民党の若手議員の話をしました。彼らは衆議院自民党の4割を占めますが，足腰の弱い彼らに対する，あるいは自民党全体の衰退に対する不安，あきらめというのも強いのではないかと感じることがあります。どういうことかというと，自民党にエンジン役を任せるのはもう無理かなと，自力走行はできないのではないか，という気持ち。一時的かもしれないが，おおさか維新と一緒に走りたいという思いが明確にある。たまに会っているというよりも，常時連絡を取り合っています。もしかするとその深度は自民党の執行部よりも深いかもしれません。そのような間柄であるということです。おおさか維新側もその期待に応えようとしている。その先にあるのは9条かどうかというのは別問題ですけれども，憲法を改正したり，統治構造を変えたりするということだと思います。

杉田　そのようにおおさか維新があるために難しくなるとしても，民主党の対応はどうでしょう。今回の審議の中で，特に先ほどもご紹介のあった，国会での「長谷部事件」を経て，世論はかなり立憲主義というものに目覚め，木村さんなどもいろいろなメディアでそのあたりを浸透させてくださいました。今回の安保法制の少なくとも一部は立憲主義に反し，違憲なのだと，かなり問題が収斂してきたときに，私の印象では民主党の対応が出遅れたように思えます。民主党は法案の細部の論議というか，いわゆる安全保障の問題に限定していて，憲法問題としてのアジェンダ設定に失敗して，後に修正しましたけれども，そこのところがかなり問題だったという印象を私は持っているのですが，木村さんはそのあたりについてはいかがですか。

木村　憲法違反であるという点への追及の出遅れということですね。

杉田　つまり，枝野幸男さんなどが，しばらくあまり食い付いてこなかった。院外では，憲法違反だという批判が渦巻いているのに，その論点ではなくて，国会審議で違う話をしていた印象があるのです。違憲問題という形で展開しなかった。

木村　一般論として，違憲の立法がなされそうな場合に，批判の仕方は2つあります。1つは，法律論に徹して「これは違憲である」と主張する仕方。もう1つは，違憲，合憲は別にして，「政策的に問題がある」と主張する仕方。この2つの方向のうち，民主党の力点は後者にあったというご指摘かと思うのですが。

杉田　安全保障の問題を議論すれば，政府の設定したアジェンダに乗ってしまうことになります。今回のように，違憲の法案については，対案を示す必要もなければ，細部を審議する必要もないのではないでしょうか。

木村　そういう印象も確かにあるとは思います。とは言え，民主党を弁護するわけではないのですが，同情すべき余地もあるように思います。これは特に憲法解釈の専門家の問題なわけですが，なぜ今回の法案が違憲なのかということを，国民にわかりやすいように適切に発信できていたのか。どういう質問をすれば，政府が違憲なことをやっているということを明らかにできるか，その解釈論としての武器をきちんと提供できていたかということがまず問われるべきです。

野党の側が違憲だと言うことは簡単なのですけれども，現に政府の側は合憲だと信じ込んでいる場合に，いくら違憲だと言っても全く堪えないでしょう。どういう問題設定をすれば，違憲だということを政府の側にも納得させることができるのか，そのポイントを憲法学者がなかなか明示できなかった。憲法学者も初動が遅れたことに，問題があったのではないかとは思います。違憲という結論は文句なしに正しいと思いますが，その理由付けをどう発信していくかという点については，改善の余地はまだまだあると思います。

杉田　そうですか。

木村　憲法違反であるという指摘がどこまで利くかということですが，それは憲法違反だと，実質的にどんな悪いことがあるのかということを，わかりやすく説明できなければいけないわけです。

例えば，安倍首相が自動車の運転中に信号無視をしたという事実があったとしましょう。信号無視が違法であるという点に異論を挟む人はそうはいないと思います。しかし，だからといって首相を辞めさせるべきかと問われたら，多くの人は信号無視くらいでは辞めるような話ではないのではないかと考えるでしょう。ルール違反であるとの法的・形式論的な指摘は，どのくらいひどいルール違反なのかという政策的・実質的な指摘と同時に訴えるのでなければ，支持を集められないということです。このために民主党が実質的な議論にこだわったという面はあるかとは思います。

ただ，民主党から，緻密な違憲論を立てるために，憲法学者に接触して助言を求める，という動きはあまりなかったのではないかという印象はあります。

杉田　私の印象でも，民主党という政党は，政権獲得以前から――政権の中にあっても――きちんとしたブレインを持たない政党です。自分はブレインだと思って行動している人たちは何人か見かけられますが，実際のブレインとして機能していないような感じがします。ブレインなど不要で，自分たちで十分考えられると思っているフシもあります。今回の問題についても，小西洋之議員など何人かの議員は，専らその問題を使っていたけれども，枝野さんをはじめ，もともと憲法調査会に関係していて憲法に詳しい人たちの動きがにぶかった。しかし，これだけの問題になったら，特に反対を明確にしている憲法学者ともう少し連携してもよかったような気もするのですが。

木村　私も，それはそう思います。

4. メディアとデモ

柿崎　憲法違反という点の追及が出遅れた要因は２つあって，１つはあえて憲法違反という問題を避けて，法案の個別的なところに入ろうとしたメディアがあったことです。もう１つは，当時私は「猫じゃらし」と言いましたけれども，目の前の新しいことを追ってしまうというメディアの特性です。合憲か違憲かの話がもう終わってしまっているかのごとく，目の前の法案の個別的なところに食い付いてしまった。

民主党だけの問題というよりも，新しいことについじゃれてしまうというメディアの体質が影響した感じがします。

杉田　先ほどもおっしゃった，現実が法に合わせるのではなくて，法が現実に合わせるべきだという類の発想，そのためには憲法に違反しているかとか，そういう問題は二の次だという磯崎発言的な空気が，相当強く共有されていて，メディアの中にも浸透していたのでしょうか。

次に，院外の動きについて見たいと思います。デモには私も何回か参りました。いろいろ誤解がありますが，今回の安保法制をめぐって，初めてこれだけ人が集まったということではなくて，民主党政権の時代に，原発再稼働反対ということで，官邸前に多くの人々が集まったことが下地になっています。

最近，韓国の学者と会ったときに，韓国では新聞やテレビで日本のデモが大きく報道されたと聞きました。SEALDs の学生の演説が全訳されて載ったりしていたと。「なぜそんなに関心があるのですか」と聞いたら，「いや，韓国はデモだけは日本に勝っていると思っていたけれども，デモでも負けた。ショックだったんですよ」と言っていました。韓国も，最近は抗議活動が長続きせず，割と引き際が早いと言っていました。

他方で，明確にしておかなければならないのは，デモはかなり盛り上がりましたし，安保法制という論点に限れば世論調査でも反対が多かった。しかし，それが安倍政権の支持率低下といった形にはなっていません。この点も含めて，院外の動きについて，木村さんはどう評価されますか。

木村　一定の効果はあったと思います。参議院の最終盤になって，山口代表と横畠法制局長官が存立危機事態というのはほとんどないと言ってみたり，日本を元気にする会などによる附帯決議・閣議決定に譲歩を見せたりと，政権にとってもそれなりにプレッシャーは与えたのではないでしょうか。

また，国民に与えた影響もそれなりにあったと思います。私も現場を見てきましたけれど，ある程度問題意識を持った人たちが，問題を共有する手法としては，非常に重要な機能を果たしたのではないでしょうか。デモに参加した人たちは，「この法制は反対しなければいけないものなのだ」という意見をそう簡単には変えないと思います。

もっとも，本当に無関心な人たちに問題意識を浸透させる手段としては，それほど大きく機能しなかったのではないかと思います。つまり，無関心な人から見ると，デモというのは非常にこだわりの強い人たちの意見表明だというように思われるわけです。一方には，ネット右翼と呼ばれるような，ネット上で一生懸命民主党の悪口を書き込んでいる強烈な人たちがいる。他方には，それの左側のバージョンの人たちがデモをやっている。そういう光景に見えた可能性は大いにあるかと思います。

デモを評価するには，確かに個々のデモだけで何かが具体的に動くというところまではいかない，そういう意味では当然に限界がありますが，大勢の人が実際に行動していることを知れば，人々の心理面にそれなりの影響を与えますので，過大評価も過小評価もせず，ということになるかとは思います。

杉田　同じ問題について，柿崎さんはいかがですか。

柿崎　結果論から言うと，野党共闘は半分ぐらいは SEALDs を初めとする市民運動の成果だったのではないか，その野党共闘がどの程度機能するかというのはありますけれども，リアルな政治を動かした，そういう意味では画期的かと思います。

もう１つは，小選挙区制度による「選挙独裁」という形で，与党が獲得票以上の権力を持つ中での野党分裂，分立，つまり二大政党制が成り立っていない中でこのくらい，ネットを上手に使って様々な人を集めて，それによってメディアをある程度占拠したということは重要です。ただ，その際のメッセージに「自分の頭で考えて，自分で行動しろ」というのがありましたが，あえて理想論を言えば，必ずしも安保に反対しろということではないはずです。自分の頭で考えて，賛成だったら賛成のデモに参加してもいいということのはずです。よく言われるように寛容が不寛容と戦うために不寛容になってしまうのは敗北，自滅です。その意味で，対立する両者間の議論が少し足りなかったという印象はあります。

杉田　今回のデモは，反原発のときから，意図的にそうやっていると思いますけれども，警察と激突しないというのを戦術として１つ持っていて，いわゆる普通の人々だということを強調していました。普通の人々というのは，必ずしも今回初めてではなくて，べ平連も普通の人々と言っていましたが。それにもかかわらず，柿崎さんが言われたのは，それでも反対の人々，「反対派の普通の人々」だということで，対話のフォーラムみたい

なものを作るところまではいっていないというお話でした。

他方で，例えば作家の辺見庸さんなどは，「反対派は命がけで闘っていない。敵は命がけでやっている」という趣旨のことを言われており，そうした方向からの批判もあります。両側から叩かれるというのは必ずしも悪いことだと私は思わないですけれども。

木村　今回の法制に反対する立場の人たちにとってやりにくかったのは，「対話の相手は誰なのか」があやふやだったことにあったと思います。

法案の内容を法解釈的に見ると，本当に集団的自衛権の行使と言えるようなものなのか，よくわからなかった。外務省は，集団的自衛権の行使に前向きだと言われていましたが，法案の内容を本当に理解した上で支持をしているのかは疑わしい。外務省は湾岸戦争のトラウマとして，もっとこうできればよかったのに，との思いを引きずっているとも言われますが，そうした思いを実現するような内容であったのかは非常に疑わしい。それなのに，何となくイメージで，これで他の国々と肩を並べられると思い込んでいるフシがあった。

また，外務省以外にも，法案に賛成する人たちはそれなりにいましたが，彼らの主張を聞いていると，現在の国家にとっての危機は，国家同士の戦争からテロやサイバー攻撃に移っているので，こうした安全保障環境の変化に適応しなければならない，なんて言う人までいます。今回の法案が，国内テロやサイバー攻撃の防止のためのものかは疑問で，そんなことを主張したって，法案を支持する理由になるはずがないのです。

真剣に論拠を検討すればするほど，彼らが本当に政府の法案の支持なのかというのは多分にわからないところがありました。今回の法案は，そもそも集団的自衛権が使えるかどうかわからないような法案ですから，集団的自衛権を行使しようと言っている人を呼んできても，今回の政府側の立場とイコールにはならないわけです。

また限定容認という言い方もあったように，法案は集団的自衛権のうち，ごくごく一部を容認したという立場です。しかしながら，法案支持者の中には，例えば憲法の専門家の中にも集団的自衛権を合憲だと言っている人がゼロではないのですが，憲法に行使してはいけないと書いてないから集団的自衛権行使は合憲だ，集団的自衛権行使は一部どころか全面的に合憲だという主張をしている人もいました。今回の法制は全面的に行使するという話ではないので，そういう人たちと対話をしても，安保法制についての話にならないのです。

結局，法案支持者の人たちは，ほとんど法案の内容を理解しないまま，自分の望むイメージを勝手に投影しているだけですから，誰と対話すれば法案について建設的な議論ができるのか，対話の相手が非常に見つけにくかったと思います。

審議過程については，やはりデモだけを見るのではなくて，そのデモが国会にどんな影響を及ぼしたかを見ていく必要があります。野党は数の力でかなり劣っていましたから，国会の中で非常にやりにくい中で審議していました。けれども，それなりの成果を上げたと私は思っています。

いくつかの質問で，この法案はこのように使いますという重要な言質も取っています。例えば，後方支援の場所がいわゆる「非戦闘地域」から「現に戦闘が行われていない地域」に広がったことについて野党が質問をし，これまでの非戦闘地域の定義をほとんどそのまま踏襲するような答弁を引き出したりしているわけです。法案審議の初めのうちは，あれもこれも何でも自衛隊はできるかのような説明をしていましたが，終盤になり国民の反対の声が強まるにしたがって，政権の側もかなり慎重な答弁を余儀なくされていった。政府の側も，ようやく，イメージで勇ましいことを言っていてもダメで，法案をきちんと法的に検討しなければならない，という緊張感が出てきたのだろうと思います。

それから，最終段階で日本を元気にする会・次世代の党・新党改革という3つの小政党が附帯決議を付けさせて，それを閣議決定にするということもやっています。もちろん法文できちんと修正するよりは，形としては相当弱いです。しかし，日本が武力攻撃をされていないにもかかわらず存立危機事態を認定する場合には，必ず国会の事前承認を要するとか，核兵器は運ばないとか，弾薬の提供はあくまで護身用の必要最少限度のものに限るといった内容が附帯決議としてまとめられている。いわば，国会で指摘された法案の問題点の総決算みたいなものが，閣議決定にまでなって確認されているわけです。

数の力で圧倒的な力を持つ与党からすれば，小政党の要求など完全に無視しても，法案は通せたはずです。そういう決議が付いたのも，やはりあれだけのデモ隊が国会を取り囲んで，国民世論の反対が非常に高まっているという状況があったからこそ，与党側からの譲歩を引き出せたのではないでしょうか。

そういう意味では，大規模なデモがあったということは，国会の中にそれなりの影響を及ぼしたということです。直接的に，デモが何かを実現できるというものではないかもしれませんが，もっと全体の動きとして見ていかなければ，デモの意義をつかめないのではないのかなとは思います。

杉田　今言われたような，国会が包囲された状況，そして憲法学者のみならず，法制局の元長官とか元最高裁判事も含めて反対が続く中で，審議時間がある程度確保されて，その中で今ご指摘いただいたような形で，質問に対する回答として実質上いろいろ言質を取ったし，ある程度時間をかけて法案審議することによって附帯決議とつけて閣議決定した。これは成果だと思います。

II. 立憲主義の回復のために

1. 野党協力

杉田　先ほど野党協力への道を開いたという評価を柿崎さんがなされたのですが，審議過程で一時的に共産党の支持者が10%近くになったりしました。そういうこともあってか，法案成立後かなり早い時期に，共産党から国民連合政府構想というものが出てきました。

あのときの私の第一印象としては，参議院選挙であれば，政権選択選挙ではないので，連合政府構想というのはちょっと踏み込みすぎているのではないか，そこまで言わなくても，政策協定の申合せでもいいだろうというものでした。そもそも野党共闘をするのなら，ある程度調整してから公表するのがスジではないかと思ったのです。共産党が議会審議の中で頑張って支持を得た，そのポイントをちょっと過信したという印象を持って，この政策協議がうまくいくかどうか，初発の段階でかなり危惧を持ったのです。そのあたりについて柿崎さんの印象はいかがですか。

柿崎　共産党が敏感に反応したということだと思います。組織防衛的に，協力，共闘するに当たっての国民連合政府というものを出してきましたが，これがその後の野党共闘の進展を一時阻害しました。政権選択となる衆院選での協力にも影響するでしょう。

杉田　その組織防衛というのをもう少し言うと。

柿崎　市民運動は「野党はまとまって安倍政権と戦え」と強いメッセージを送っていた。それは，申し訳ないが，勝算が少ないにもかかわらず，参院選で言えば選挙区，衆院選で言えば小選挙区のほとんどに候補者を擁立する共産党には一番堪える。論理的には「勝算がないなら降りろ」ということになりますから。一方で，共産党は財政的に厳しく候補者擁立が難しい状況にもあると報道されています。しかし，何もなく候補者を降ろすのも組織政党としては方針変更になり，おいそれとはできない。そこで，選挙協力に「国民連合政府」という他党，特に民主党がとても飲めないような条件を付けた。一休さんの「屏風の虎」の話と同じです。「虎をつかまえる」，つまり「選挙協力はする」，だから「屏風から出してくれ」，つまり「国民連合政府を作りましょう」ということです。また，共産党の志位和夫委員長は，小沢一郎さんから，「オリーブの木」構想を持ち出されていたともこの提案につながったとの指摘がある。しかし，イタリアの「オリーブの木」の肝は，共産党が変わることが前提ですが，日本共産党は変わるつもりは全くないようです。これでは国民連合政府はとてもできない。にもかかわらず，一見，まっとうには見えますから，国民連合政府を棚上げすることが共産党にとっては大きなカードになる。党内的にも棚上げしたが，持ち出したことで方針変更の理屈付けにはなる。もうちょっと早く民主党の方が反応してほしかったなと思います。

杉田　共産党がちょっと早すぎた。

柿崎　早すぎて，結果的に民主党が引っ張られる形になった。あのときの自民党の喜び具合というのは，すごかったです。共産党が決めたという話を，私は自民党の人から聞いたのです。大歓迎でした。その意味するところはその後の展開で分かります。もはや国民連合政府のイメージが強すぎてしまって，共産党がそれを下ろしたという話がなかなか浸透しないのです。共産党が主導した形になってしまっているのです。

杉田　そういう印象が残っただけで。

柿崎　ええ。よく共産党と組むと，票が引き算になるのでやってはいけないと言う人がいますけれども，もっとややこしいのは，共産党と組んで万が一そこそこ勝ってしまったらどうなるのでしょうか。次は一緒に政権を作るという話に行かざるをえないのです。それは参院選が単独でも同日選でも同じことで，次，あるいは次の次の衆院選で本当に共産党と選挙協力をするのかどうか。自公に勝つために大幅な選挙協力をするとなると首班指名でも統一行動をとるのか否か。衆院選は政権選択選挙となりますから，政権の枠組みをある程度示せないといけない。「野合」批判を繰り返す自公だけでなく，メディアからも聞かれるでしょうから。国民連合政府というものなのかは別として。そのときに，本当にやるつもりが民主党などにあるのならいいですけど，多分ないでしょう。ないのにこの場を切り抜けようとして，共産党と結ぶというのは，どうなのでしょうか。SEALDsも，別に共産党が主導権を取れとは多分言っていませんので，そこはやはり運動神経の良さと悪さが出たかなという感じがします。

杉田　木村さん，何かコメントはありますか。

木村　そのあたりが左派のきついところかと思います。日本の場合は二大政党制の国とは違って，一番左に共産党があるので，中道左派政党が左側を総取りするということができない。もう１つは，いわゆる左派系メディアとか，左派系知識人というのは，必ずしも左派的な政策であれば手放しで支持するというものではなく，権力監視をモットーとして政権を批判します。ですから，左派系の政党が野党でいる間は，左派系政党を批判することはあまりないかもしれませんが，仮に左派系政党が政権を取れば，右派メディアと一緒になって政権を批判することになるでしょう。今回の産経や読売のように政権を支えてくれないので，なかなか左派系の政党が政権を取るのは厳しいと思います。

杉田　もともと左派は内部の自己批判というか，他者批判というか，要するに内ゲバが盛んですからね。

2. 立憲主義と政権支持

杉田　憲法学界の外部の人間として言うと，今回憲法学者は非常に活躍してくれたし，表に出てくれた。憲法学界ではどういう総括になっているのですか。

木村　多分メディアの人も一般市民も，違憲だという発言は聞き飽きたのではないかという気がします。聞き飽きたというのは別に悪い意味ではなくて，みんなが知っているということでよくわかっているということです。

杉田　それは相当すごいことですよね。

木村　はい。

杉田　それは，普通起こることではないですよね。

木村　普通起こることではないです。違憲であるということはわかったが，では，それを投票行動に反映させるかという話になると，野党への不信も強いので躊躇してしまう。多少嫌いな人であっても，憲法違反の法律を止めるために票を入れなければいけないというような事態なのかどうかについて，国民は判断しかねているというところなのではないかと思います。

杉田　ただ，私が非常にショックだったのは，9月の法案成立直後の世論調査で内閣支持率が軒並み50％以上だったということです。その後もいろいろなことがありましたがあまり変化しませんでした。この下方硬直性というか，底堅さというか，これが何なのかというあたりを少し探っていきたいと思います。

例えば甘利明大臣の秘書が，口利きを行ったのではないかとされ，大臣が辞任した問題について，私は朝日新聞の記事で読んだだけで，今は手元にもないのですが，この辞任問題を政権支持の条件として考えるかどうかという質問で，考えないという人が7割くらいいました。政権支持と甘利問題は別問題だという人が7割いたということです。ちょっと前でも，さすがにこれだけ大きな政治と金の問題が起きたら，瞬間的にはかなり下がったはずなのです。このあたりの人々の意識について，まず柿崎さんはどうですか。

柿崎　世論調査も選挙と同じで，野党がまとまるとほぼ自動的に与党の支持率がある程度下がって，その分が野党に上乗せになる傾向があります。やはり，野党がバラバラだというのが要因の1つにあると思います。あと，政権交代は現政権への反動で生まれると言いますか，小泉政権は自民党内の政権交代でしたが，森政権がひどかったので小泉政権，そして安倍，福田，麻生がひどかったので民主党政権という具合でした。メディア対策に長けていた小泉さんは5年続きました。いまの安倍政権は，ひどかったという印象の民主党の後であり，かつ政権運営がそこそこボロを出していないというところと，野党が分裂，分立しているというのが相まって，高止まり，あるいは中止まり状態が普通になってしまった。反動の芽と基盤がない。

「一強多弱」という状況が，最初はすごく違和感を持って迎えられたのですけれども，3年も経ってしまうと，それに慣れてきてしまっています。先ほどの甘利さんの問題も，もしかすると現状に対する慣れがまずあるのではないでしょうか。

杉田　まず支持が前提で。

柿崎　ええ，支持が前提。緩い支持が前提になっていると。

杉田　例えば小沢問題のときは，「政治と金」がずっと問題にされていました。小沢問題だって，そんなにはっきりした犯罪ではなかったですが。

木村　それは，安倍政権は，薄い支持がベースになっている，逆に言えば，さほど期待は大きくないというのが，結果的に政権を支えているように感じます。安倍政権というのは，ちょくちょく問題発言を繰り返すなど，「ちょい悪」政権だというイメージがずっとある。ちょっと悪い人が時々良いことをすると，「意外とやるではないか」と妙に評価が上がったりする。それは，学級委員が良いことをするのは当たり前すぎて，イメージを上げるのは難しいけれど，ちょっとのミスでも批判が集中してしまうのと対照的だと思います。甘利さんを含め，安倍内閣そのものがちょい悪基調で来ている中で，「潔く辞任したから，むしろ良い人なのではないか」と感じてしまう。そういう心理的効果は多分にあると思います。

杉田　ちょっと不良な彼だけれども，たまにはよいことをしているというやつですね。

木村　そうです。

杉田　世間全体，社会全体が，ちょっと悪いくらいの人でないと金を持ってこないみたいな，そういう悪い方向にいわばコミットしている。きれい事を言っている人と付き合っていても，よい話はない。これだけ経済が悪い中，ちょっと悪いくらいでなければ駄目だという，そういう荒み方をしているのですかね。あまりにも感覚的なのですけれども。

木村　文学的に書くと，そういう感覚はあると思います。

杉田　私は小沢問題の頃，「政治と金」ばかり問題にしているのもどうかと言っていた人間なのですが，今は逆にあっせん利得ないし収賄に近いように見えるような事件があっても人々はほとんど気にしないという，その世論の移り変わりというものの原因がどこにあるのか。これだけ経済状態が悪い中で，雇用とか株価という形で，経済を上のほうへ持っていってくれるのではないかという期待感は依然としてあるということですよね。

木村　安倍政権の高支持率の背景の説明としては，経済がいいからだという説明が１つあります。もう１つは，チャレンジングな政策に取りかかるというか，新しくて，これまでなかったような政策に取り組もうという感覚が，有権者から失われているのではないか，という分析もあります。せっかく政権交代を果たした民主党政権がああいう形で終わってしまったので，新しいことに挑戦してめちゃくちゃになるよりは，とりあえず従来どおりがいい，そんな感覚が国民の間にあるのではないかという話です。私はそれも大きいと思うのです。安倍政権はセンセーショナルなことをやっているようでいて，きちんと内容を見てみると案外，基本的には現状維持です。

杉田　初めてのマイナス金利導入は，チャレンジングとも言えますが。

木村　一般の国民にとっては，マイナス金利だからといってどうなるの，という感覚が強いのではないでしょうか。やってもやらなくても，支持率は変わらないように思います。だから，政策が積極的に支持されているというよりは，何も動かさなくていいというところで，何かを大きく変化をさせようというような政権には見えていないということなのですかね。

杉田　民主党政権が成立したときには民主党に票を入れた人が今，むしろ強固に反民主党になっているというようなことも言われています。比喩的な言い方ばかりで恐縮ですが，一度民主党という「夢」に賭けてしまった自分に対する反省，そんな夢を見た自分が許せない，やはり日本には自民党しかないのだといったたぐいの感覚があるのかもしれません。安倍政権を積極的に支持しているというより，民主党の失敗への反動という消極的な選択の側面がある。震災が起きたこと自体は，もちろん民主党の責任ではありませんが，不幸な出来事と結び付いているものは嫌うというのが，人間の心理のようです。いわば呪術的な感覚ですが。

今後，一強多弱構造とは違う方向が出てくるためには，何らかの別な軸を作らなければならないのですが，懐疑的な目があるとすると，なかなか難しいのかもしれません。

柿崎　民主党は，政権時代の政治的，政策的な失敗を総括していましたが，そこで止まってしまったという面があります。

杉田　熱心に総括していましたが，結局，彼らはポイントはどこだと見たのですか。

柿崎　内部の政治的，政策的，人間関係的な違い，あつれきをどう乗り越えるのか，「連合」との関係をどうするのかといった議論がないまま，そして痛みを伴う改善策に手を付けないまま，離合集散と党名変更に走ってしまいました。イギリスの労働党が変わったときは，「第三の道」を目指したことで離党者が出て，そこから支持率が上がったわけですが。

多分，良く言えば野党を結集すること，有り体に言えば，維新の党を吸収するか，従わせることで，党内の統一を図ろうとしたのでしょうが，自己改革がないままに他党との関係を作ることで党内をまとめるというのは，逆転したやり方でした。それが，投票率の低下につながっており，本来は与党の批判，そして野党支持に回るところが寝てしまっています。

結果，決して強くはない自民党を助けている。

2014 年の選挙について「戦術的にすごい」という人がいますが，あれは横綱相撲ではありませんでした。相手，つまり野党が土俵に上がらないうちに相撲を始めてしまおうということでしたから。安倍首相，菅長官が自民党の弱さ，特に若手の弱さを知っていたからだと思います。

木村　今，伺っていて，日韓合意や 70 年談話で譲ったことになっていることが，やはり大きいですね。

柿崎　ちょっと我慢した感じが出るのですよね。それが非安倍，反安倍層にも訴えるところがある。それは自体は悪いことではないのですが，安倍さんの場合，ここがややこしい。

木村　安保法制もそういう面はあると思うのです。先ほどお話したように，公明党に文言上は譲ったことになっているし，いろいろ歯止めらしきものをかけたことにもなっている。寸止めというか，有権者が本気で怒るラインまではぎりぎり踏み込まないような運転をしているので，野党側はそれを突きにくいという面はあると思うのです。本気で「湾岸戦争やベトナム戦争に行って，地上軍を派遣します」と言ったら，もう少し話はわかりやすかったでしょうね。

杉田　それはそうでしょうね。

木村　安保法制の内容はあまりにも不明確であるにもかかわらず，ともかく法案を支持するという賛成派がそもそも３割いた。安倍支持率は３割を確保しているわけですから，もう１～２割，消極的な支持が乗っかれば５割ということにつながるので，そんなに難しい計算ではない。安保法制で下がるところまでは下がったけれども，今の支持率は説明不能な数値ではないなと思います。

3. 安保法制の今後

杉田　安保法制に関して，これは次の参議院選挙だけで即廃止ということにはなかなかならないわけですが，もう少し中期的に，次の総選挙も含めて，この安保法制の，特に冒頭にご説明のあった明らかに違憲な部分，つまり集団的自衛権に関わる部分に関しては廃止していくということが必要なのかどうか，その辺をまず確認的に木村さんからお話しいただけますか。

木村　もちろん，違憲の部分，違憲の疑いが強い部分については廃止してもらわなくては困ります。ただ，いかんせん，元になっている７・１閣議決定の内容が曖昧なため，どういう方向で違憲部分を払拭するのかは，いろいろ道がありすぎて，舵取りが難しいところだと思います。閣議決定を撤回させるのか，あるいは，あれはあくまでも個別的自衛権の範囲だったのだと説明するか，やり方はいろいろあると思いますが，あれを憲法に適合する範囲におさめることは，どうしても必要です。専門的に言えば，安保法制が制定されていなくても，あの閣議決定だけで集団的自衛権を行使されてしまう可能性は状況的にはあったので，最終的には，新たな閣議決定までいかなくてはいけない問題だということを，まず指摘しておきます。

次に法案の改正ということですが，丸々全部廃止という路線を目指すのも，スローガンとしては魅力的です。しかしそれでは，反対のための反対をしている勢力だとも国民から見られかねません。どこがどう問題なのかということをきちんと示していかないと，国民にも建設的な議論として受け止められないでしょう。何法何条を改正する必要がある，そうでないと憲法違反であるし，政策的に見ても不都合が生じるということは，野党側からしっかりと指摘しておく必要があります。

具体的に挙げれば，まず，自衛隊法76条の存立危機事態での防衛出動条項については，存立危機事態とは結局日本への武力行使があった場合以外にありえないということを，条文上も明確になるようにしなければならないでしょう。それから，自衛隊法95条の2は，「外国軍の武器等の防護」という名目でアメリカの艦隊等を守るということになっていますが，これが日本による武力行使にならないようにしなければいけません。それから，重要影響事態法と国際平和支援法に基く後方支援の中での弾薬の提供と戦闘発進準備中の機体への給油，これらは，従来，武力行使一体化の典型例として政府内でも理解されていた活動ですから，違憲の疑いが非常に強いところです。

少なくともこの3つについては，最優先で直さなくてはいけない条項であろうと思います。

杉田　安保法に関して違憲訴訟を提起するという考えが一部にあるのですが，これについては木村さんはどのように評価していますか。

木村　ごく大雑把に言えば，日本の訴訟システムでは集団的自衛権が行使されないと，違憲か合憲かどうか裁判所は判断ができませんので，現状で違憲訴訟をしても，実際の内容に入らずに却下という形で訴訟が終わるという結論になる可能性は非常に高いと思います。

却下判決が出た場合，法律家の目から見れば，それは違憲か合憲かの判断をしていないということはわかるのですが，世間的には裁判所で負けたというアピールになる可能性がある。法案の違憲性をアピールできる可能性がある一方で，裁判所が法案は合憲だと判断したかのような誤解も生むかもしれない，そういう両刃の刃になろうということは指摘せざるをえないですね。

杉田　裁判所が合憲と言ったかのような誤解が広まると。

木村　そういうことですね。

杉田　次に，憲法の条文改正の可能性について議論しておきたいと思います。

最近は環境権という話は聞いていませんが，与党からは，最初のアジェンダとして緊急事態条項の導入を提起するという話も出ています。このあたりの状況については何かありますか。

柿崎　自民党が活動方針案から「参議院選挙で」という文言を外すという

報道がありましたが，それは参議院サイドから「勘弁してくれ」という声があったからで，一方，その後に安倍さんは９条改憲にも言及しています。明らかにマスコミの習性を利用しているというか，こういう発言をしておけば公約で強調しなくても，選挙になったときにメディアが取り上げるだろうと。アジェンダセッティングはメディアの仕事ですから。与党が言えば，反射的に野党サイドに聞きますので。憲法改正が争点ということになる。

杉田　メディアが聞いて回ると。

柿崎　はい，聞いて回るので。そのために打ち込んでいるのだと思います。国会の憲法審査会が争点をトーンダウンしたりとか，活動方針案から外しているのは，参議院議員候補がそんなに乱暴はしないということをエクスキューズするためだけの行為で，あとはマスコミにお任せですね。

杉田　つまり，一方ではそのように主たる争点からははずしておいて，自分たちは無理矢理改憲はしないということで，ある種有権者を安心させる。しかし，他方でアリバイ工作をしておき，選挙後には「争点として掲げていた」と主張するわけですね。

その場合，やはり緊急事態条項という話になるのでしょうか。

柿崎　そこは，入れるところから入るということだと思います。わかりやすく言うと，安倍さんは現行憲法のそのものが大嫌いなので，変えられるならどこでもいいのです。9条は改正したいのでしょうけれども。ただ，最近，安倍さんは集団的自衛権行使容認を憲法にも明記しようとする可能性があると考えるようになりました。「すでに解釈変更で容認しているのだから何も実態は変わらないのだ」と。普通に考えれば，解釈を変えているのだから，改めてわざわざ憲法を変える必要はないんですが，そこをひっくり返して，国民の心理的抵抗を低くする作戦もあるのかなと。

杉田　緊急事態条項に関してはいろいろ議論もあり，長谷部さんなどもいろいろなところで発言されていますが，木村さんから，緊急事態条項の問題について，若干コメントしていただけますか。

木村　まず自民党改憲草案の中で緊急事態条項と称されているものを緊急事態条項と呼ぶことがそもそも問題です。あれは，通常の憲法学の常識でイメージする緊急事態条項からはかけ離れていて，むしろ，一時的な独裁権条項ですから，そのように呼ぶべきだと思います。

その上で，安倍首相は現行憲法に緊急事態条項がないと主張している点について，それは大きな嘘であるということをまず指摘したいと思います。まず当然のこととして，現在の憲法では，内閣は緊急事態時に行政権の行使として，一定の対応を取れるということになっています。緊急に立法の必要が生じれば，内閣に国会の召集権があります。さらに，衆議院の解散中でも，参議院に緊急集会という制度が用意されていますし，参議院議員は半数改選であるから参議院が成立しないという事態は存在しない。つまり，日本の統治機構上，立法上の措置が必要な緊急事態については，内閣の国会召集権と緊急集会の制度で十分に担保されているわけです。ですから，現行憲法で緊急事態条項がないというのは，まず嘘です。

それに，自民党改憲草案のような一時的な独裁条項は，政府の権限が不当に拡大されたもので，諸外国に比べても不注意な条項です。アメリカ憲法では，大統領は，原則として議会招集権限を持たないが，緊急時には議会を招集できるとされているだけで，あくまでも立法をするのは議会です。また，ドイツでは，外国からの侵略があった場合に，州議会から連邦議会に権限を集中させたり，上下両院の議員からなる合同委員会が一時的に立法権を行使したりできるとされていますが，連邦制をとらない日本には連邦議会への権限集中は関係ないですし，やはり立法権を担うのはあくまで議員たちです。

フランスや韓国には，大統領が一時的に立法に当たる権限を含む措置を取る規定がありますが，それは，「国の独立が直接に脅かされる」とか，「国会の召集が不可能になった場合」に限定されています。

つまり，アメリカ憲法は，大統領に議会召集権限を与えているだけだし，ドイツ憲法も，議会の権限・手続の原則を修正するだけであって，政府に独立の立法権限を与えるものではない。また，フランスや韓国の憲法規定は，確かに一時的な立法権限を大統領に与えているものの，その発動要件はかなり厳格で，そう使えるものではありません。実際，フランスが昨年末のテロで緊急事態宣言をしたということですが，それは憲法上の緊急事態条項が使われたわけではなく，あくまで，法律上の制度が使われただけです。したがって，自民党草案の条項というのは極めて不注意なものであり，諸外国の例と比べても異例のものであるということなので，少なくともあの条文を争点にすると，支持は離れていく，反対は増えていくというものではあろうと思いますし，私も反対です。

杉田　与党側では，自然災害への対応といったことを言っていて，災害と言われると，必要なのかなと思う人もかなりいるかもしれません。

実際には，すでに災害対策基本法というものもあって，とりあえず対策は講じられるわけですが，それならなぜ民主党政権のときに，大震災に際して，災害対策基本法上の緊急措置をしなかったのか，ということが言われます。もしも使いにくいものだったとすれば，法律の整備ということで対応できる問題だと思いますが，「やはり憲法を変えるぐらいの勢いでないと法律は使えないのだ」という議論も一部にある。そのあたりはいかがでしょうか。

木村　これこそ，まさに対案が効くところだと思います。つまり，まず「あの条項は危険なのです」というのはもちろんなのですが，災害対策というアジェンダ設定をした場合には，野党の側らかも憲法改正ではない，いろいろな対案というか取り組むべき課題を指摘できると思います。

例えば最近，災害対策関係の論文を少し読んだのですが，そこには「政府の独裁的な命令権を確保するよりも，各中核病院が48時間の電源を確保できる体制を整えるほうが緊急事態には重要だろう」ということが指摘されています。それはほんの一例にすぎなくて，ほかにも食糧の備蓄や避難訓練など，医療の問題も救助の問題も，今本気で備えるべきことは本当にたくさんある。むしろ野党の側というか，憲法改正に反対する側が今の日本の災害対策に必要なのはこういうことではないかということを発信していくべきだと思います。それを発信すれば，国民の多くも具体的に問題を描けるでしょう。そういう対案が出されたにもかかわらず，与党の側が「そのようなことより憲法改正だ」と言い続けていれば，国民は災害対策に本気ではないという印象を持つはずです。そのあたりはむしろ，これを好機に，災害対策で本当に必要なことを炙り出すという気持ちで臨めば，有効な議論になっていくし，またこれをきっかけに災害対策がよい方向にいくのではないかと思います。その意味では，災害対策が選挙の争点になるということ自体は全然悪いことではないと思います。

4. 選挙で問われるもの

杉田　それでは，最後に今後の選挙のことについて，少し議論をしておきたいと思います。まずは見通しです。先ほどから見ていますように，共産党が最初に提案した野党共闘がその後紆余曲折があって，現在は一人区で共産党が候補を立てないという方向にはなっていますが，民主党とおおさか維新の関係なども含めて，野党共闘の可能性について，柿崎さんのほうからお願いします。

柿崎　また共産党問題になってしまうのですが，先ほど「共産党支持者が10%になった」という話がありました。

杉田　また5%になりましたよ。

柿崎　5%でも，いつもより多いのですが，増えた分をどこから取ってきているかというと，多分民主党から取ってきているのです。自民党支持から共産党支持に移っている人はほぼゼロだと思いますから。それで何が起きているかというと，共産党が強ければ強いだけ，自民党が盤石になるという，共依存関係が生じてきます。そこをどう考えるかというところです。ここはやはり，これまでの経緯があるので致し方ないですが，共産党に自ら積極的に下りていただくということがベストなのかなということです。

それから，いつでも首相が解散できるということが，あるべき姿なのかという問題があります。小選挙区制で，選挙独裁に向かいがちな中で，さらに解散時期を一方的に決められるというのは，中選挙区制の時期とは意味合いがかなり違うと思います。どこかでこれは，問題にしていくべきことかと。

杉田　木村さんにも伺いたいのですが，解散権については，それこそ憲法上これだという明確な規定があるわけではなくて，まさに解釈によって首相に専権としてあるかのような言われ方をしているのですが，このあたりについてはどのようにお考えですか。

木村　まず，もともと議論のあるところですが，日本国憲法を読むと，不信任決議が可決したときに解散されるということを想定した規定はあるのですが，それ以外の場合に解散できると読むことができる条項というのはあまりないのです。内閣の自由な意思に基づいて解散権を行使できるということを支えるような文言上の根拠はあまりないにもかかわらず，いくつかの運用がされてきてしまったという状況です。それこそ，はっきり「行使してはいけない」と書いていないからやってきているという現状はあると思いますが，まず解釈論としてはこの前の解散のようなもの。

柿崎　2014年末ですね。

木村　2014年末の解散は違憲の可能性があると指摘する方もたくさんいますし，石川健治先生などは明確に違憲な解散だったと言っていますね。現行憲法の解釈として，いつでも解散オーケーという解釈はできないというのは十分に成り立つ議論だと思います。

また，柿崎さんのおっしゃったとおり，いつでも解散オーケーというのは，世界的に見てもあまりスタンダードな制度ではありません。ドイツでは憲法で，解散が打てるのは不信任が可決した場合と限定されていますし，イギリスでも2011年だったと思いますが，任期を固定する法律が成立して，原則5年の任期を固定しました。それまでの，イギリスでは，自由な解散権が認められていたのですが，不信任が可決された場合と，3分の2の国会議員が解散を必要と考えた場合以外は，解散されないことになったのです。そのような法律ができたのは，政権与党は自分に有利なタイミングで選挙を打つというのはあまりにも問題なので，解散ができる場合は限定しなければいけないのではないかという認識が広まったからです。

諸外国の憲法状況からすれば，日本においても，解散権を明文化するという形で改憲を提起してもよいだろうとは思います。しかし，これは明確に権力者の権限を制限する方向での改憲になるので，権力者側からは発案されにくいでしょう。憲法は国家権力を縛るものなので，国家権力の側から改憲を言い出すときには自分たちの足かせを弱める方向の提案が多く，逆に言えば国民の権利が脅かされる危険のあるに提案がなされることが多い。内閣の解散権制限というのは，まさにその実証的な例なのかなと思います。

杉田　そうすると，例えばわれわれ民間のほうから解散権を制限する改憲をすべきだという運動を起こしてみるという手もありますね。

木村　やってみたら面白いと思います。これは，一部の人の復古的な思いを寄せ集めた自民党改憲草案と違って，明確に理論的な根拠のある改憲提案になるので，真剣に検討すべき課題だと言ってよいと思います。

柿崎　公明党は，もしかすると乗るかもしれませんね。少なくとも検討対象にする話です。

木村　この提案は，実際に通るかどうかは別にして，憲法の本質というのを考える上で非常によい提案だと思います。憲法が権力を合理的に動かすために，それに制限をかけるものなのだということがよく意識できますし，そういう提案に対して権力者がどう振る舞うかということは，国民は見ておいたほうがよいことだと思います。

杉田　それに関連して選挙制度というものをどう考えるか。現在，衆議院では小選挙区制と比例代表とを併用しているわけですが，選挙制度というもの自体，その国の政治制度の根幹に関わり，いわばコンスティテューションの事項です。そこで，例えば今の選挙制度は違憲だと，そういう議論はありうるでしょうか。

木村　一票の格差は別にして，現行選挙制度が違憲だという意見はそれほど強くはないですね。ただ，何年か今の形で選挙をやってきて，いろいろと制度的な問題点が見えてきているので，その改善は考えたほうがよいだろうと言う人は，憲法学者の間にも多い。多分，政治学者の間でもそうだと思いますけれども，多いと思います。

杉田　それとも関連しますが，現在，一票の格差の解消が不十分な状況で，この間，最高裁でも違憲状態という判決が出ている中で，十分な対策なしに選挙を行っていいのかどうかという議論があるのですが，このあたりについてはどうですか。

木村　一票の格差の是正としては，まず有識者委員会の答申が出て，こういう制度にしなさいと具体的な提案がなされているにもかかわらず，衆議院は自らの手で根本的な改善をできないまま来ているという問題は，当然，無視できないと思います。

参議院の場合には，次は4県2合区で選挙が行われるということで，おそらく格差は3倍前後になるだろうと言われています。私は，この2合区案というのにはすごく違和感を持っています。それだと結局，たかだか3倍未満にするために4つの県の人たちだけが，「県の単位」というアイデンティティのようなものを失ってしまうことになります。中途半端な改革のために，一部の人だけが犠牲になったという感覚はあるのです。例えば11合区とか，ほとんどの県を合区にしてしまって1倍に限りなく近づけるという抜本的な改善がなされる中で，うちも合区ということになれば，おそらく高知の方や鳥取，島根の方は納得しやすかったと思います。しかし，今回は，より抜本的な改革案が同時に出されていたにもかかわらず，2合区案をとったということについては，これは合区にされた県の人たちの納得という面では非常に難しいものがあると思います。

また，最近の一票の格差をめぐる学説の議論はもっと進んできています。昔は，一人二票になるから2倍は駄目なんだという趣旨の，いわゆる芦部信喜説が通説とされていました。しかし，最近は，長谷部さんの見解が注目されてきていて，むしろ1倍を基本とした上で，それからずれる場合には，どういう正当化事由があるのかを説明させ，それによって妥当かどうかを評価しようというものです。2倍未満ならよいという数字基準ではなく，どういう理由があるのかを細かく問うべきだという問題意識が徐々に浸透してきているところなので，今回，より倍率が少なくなるような案があったにもかかわらず，あえて4県2合区案をとったことについて，合理的な理由があるのかという訴訟には当然なると思うのです。そこで国の側を擁護できるのか，合理的な理由を示せるのかというと，これは厳しい判断がされる可能性もあるでしょう。そんな中途半端な状況で選挙が行われることになると思います。

杉田　たしか，木村さんは以前に，地方の定数を削るのではなく都市部の定数を増やす形で，一票の格差を小さくして行けるのではないかと，どこかでおっしゃっていませんでしたか。

木村　そのことも言っています。つまり，何が何でも一人一票という動きにはちょっと違和感があって，一人一票にするとどんなよいことがあるのかを考える必要があるのではないかと感じています。

平等というのはとても大事な価値ですが，選挙は，よりよい議員を選ぶにはどうしたらよいか，という視点から設計されなくてはならない。その際に，平等な投票という価値はもちろん大切な要素ですが，それがすべてではないだろうと思うのです。どういうふうにすると一番よい国会議員を選べるのかということを議論の出発点にすべきではないかと思います。

さらに現在の議員定数と人口分布を前提とする限り，どう割っても相当の倍率が出てしまうという現実があるわけです。単純な算数の問題ですけれども，議員の数が減れば減るほど倍率の調整は難しくなります。倍率は低くしなければいけないという要請と同時に，議員定数削減の圧力が衆参とも非常に強くかかっている，そういう状況の中で選挙区改革が進められてしまうと，よい国会議員を選ぼうというそもそもの目標が見失われるという面はあるのではないかと思います。そういう意味で，単に数字にこだわるのではなく，何が一番国民のためによいかという議論をしていくべきだということは言いました。

定数削減をすると，新人議員が出にくくなることになりますので，それをどう評価するかということもあると思います。国会議員の新陳代謝を考えると，新人議員が当選しにくくなるのは，あまりよいことではないでしょう。定数を減らすのであれば，どうやって新人議員が参加しやすくするかということも同時に考えなければいけない。あるいは，経費削減の要請に応える方法は，別に議員定数の削減以外にも，歳費の削減などほかの方法もあるということです。定数を減らさなければいけないという前提から議論を始めるのは，おかしいなと思います。

杉田　今，新陳代謝という話も出たのですが，その一方で，先ほど柿崎さんがおっしゃった話の中で，自民党は1，2回生が多いということもありました。ある意味，新陳代謝しているのですが，それが党の右旋回の傾向ともつながっていて，しかも最近は，いわゆる「身体検査」をちゃんとしていないのか，何かよくわからない議員が次々に現れて，問題が出ています。つまり，それだけ急拵えで候補を作ったということだと思いますが，政治家のリクルートメントについては，柿崎さん，どうですか。

柿崎　このくらいの人数の議員がいれば，誤差の範囲内なのではないかという気が私はします。確かにひどいのですけれども。

杉田　昔に比べて，政治家の質が特に悪くなっているということではないということですか。

柿崎　吉田内閣のときでしたか，大蔵大臣が国会内で酔っ払って，女性議員に抱きついて辞任したことがありました。さすがに，そのくらいのことは最近は起きていないですよね。だから小粒になったことはありますが，昔より質が低くなったとは私は思っていないです。統制が効いていない感じはありますが。

あともう１つ，議員の削減の話は多分，マスコミ界で私だけのような気がしますが，反対だと言っているのです。あれはポピュリズムを助長する話です。国会議員は自分の身を切れ，既得権益だと言うのですが，そんなことはない。国民の代表ですから。約束は守らなければいけないが，間違っているのなら謝って，あるいは辞任して，破棄することも必要ではないかと思います。ただ，世論対策上，破棄できないところが現実問題として難しいところですが。

一人一票問題については，私も，木村さんの案のように，全体を増やす方向でもよいのではないかと思います。

杉田　歳費を最近も上げたみたいですが，少し削ってみせるぐらいのことはできないのでしょうか。

柿崎　内閣もちょっとやっていたのですが，それでは納得しないからでしょう。国民に対する約束だから守らなければいけないというところで，メディアも思考停止しているのではないかと思います。議員定数を減らすことが正しい結果を生むというのは幻想，ないし誤解です。

また，政治家のリクルートよりも，なった後のメンテナンスが全くできていないことが問題です。

杉田　育成の問題ですね。

柿崎　育成と言うほど目標を高くしなくてもいいのですが，変なことをやらせないという程度の振付けさえできていない。

杉田　派閥がとにかく悪いということで，派閥を潰したことの影響というのは，どうですか。

柿崎　派閥に教育的な機能があったというのは，これはまた幻想だと思います。派閥の領袖，幹部でも醜悪なスキャンダルを起こした人はいました。それも何回も。要は派閥は一種のブラック企業ならぬブラック集団だったわけです。1，2回生は雑巾がけをさせられる。遊んでいる暇はない。そして3回生になると，ポスト争いが始まり，あまり変なことをやっていられないというふうになってくる。そういう形で，問題行動はするが，問題にならない程度に収まるということにすぎませんでした。

杉田　先ほど，谷垣さんをロールモデルとする，追従合戦ということが指摘されました。かつて日本の政治学では，佐藤誠三郎さんたちが，日本では派閥間の争いという形で疑似的な政権交代があり，多元主義が成立しているという話をしていて，当時の政治学会では非常に批判されました。その上で政治改革の動きもあって，派閥争いなどは害しかなく，政党間の争いに一本化して，はっきりとした政権交代をしなければならないということになった。

たしかに，佐藤さんたちの考え方は現状追認的すぎましたが，逆に今のように一強多弱になってしまうと，派閥にも効用があったのではないかと，私などは思わないでもないのですが。

柿崎　派閥論で言うと，私は派閥は必要と思っています。ただ，今あるような形骸化したものでなく，自民党結党時から10年か15年ぐらいの間のいわゆる原・派閥は必要ですね。派閥は中選挙区制度がなければ存在しえないというのは間違いだと思います。小選挙区の中でも派閥は実はある。私は安倍派は実態としてあると思うし，石破派もすでにあった。ただ，派閥性悪説があるので，本人たちが自縄自縛になって，派閥は駄目だと自己否定しますから，機能しない。

いわゆる駄目な派閥が駄目なだけで，派閥自体は政権運営のためにも必要です。安倍派の番頭さんは誰かと言ったら，それは官房長官です。あと稲田朋美さんとかメンバーはいっぱいいるのです。原・派閥の定義「総理総裁を目指す領袖と，その領袖を総理総裁にしようとする議員」に当てはめれば，それを派閥と呼ばずにグループと呼んで，既存の形がい化した派閥を派閥と呼ぶから混乱が起きているだけで，たとえば額賀派はもう意味がないのでやめてくださいと言いたいですね。なぜなら額賀さんは総裁選に出られないのです。それは定義からすれば派閥ではないです。派閥というのは領袖が総裁選に出るため，そして勝ち抜くためのグループなのに，領袖が総裁選に出られないのだったらそれは派閥ではないです。それを派閥と呼んでいる矛盾，そして一方，実際に派閥の状態になっているのに，それを派閥と呼ばない矛盾。これは結局，派閥は駄目だという自縛で思考停止状態になっているからです。ここから抜け出せば，ある程度，今よりはまともな状況になると思います。

杉田　いずれにしても，今，大きくなりすぎてしまった自民党の中に多元性が出てこないことには，次の展望が開かれにくいというふうに思いますので，まずはそのあたりに私は期待します。大きな動きは少し長期的になってしまうのかなと思います。

柿崎　そうですね。

木村　でも，安倍さんの次が見えないというのは，自民党議員の先生方も一緒なのではないですかね。

杉田　私は，あまのじゃくなので政治改革にはいつも反対で，特に小選挙区制にすれば二大政党化するという議論に対しては，むしろ日本の場合，小選挙区にすると，一党化が進む可能性があると指摘していました。首長選挙が全部無党派相乗りで総与党化していることを見て，そう言いましたが無視されました。

小選挙区で２つ以上の勢力ができるためには，つねに現状とは違うオルターナティブを大切にする政治文化が必要で，みんなが与党になって総与党になってしまえば一番楽という話になってしまう政治文化では，なかなかうまくいかないところがあるわけです。自民党の中でも派閥が機能しなくなってきて，今，とりあえずまだ野党がありますが，小選挙区で正面から激突する勢力としてもつのかどうか。先ほど，柿崎さんも民主党の分裂に言及されていましたが，今以上の野党の分立状況，断片化ということが起こるとすると，ほとんど総与党化して，結果的に一種の大政翼賛会的になってしまうという危険性はどのぐらいあると思いますか。

柿崎　思い浮かぶのはそれしかないので，一時的にそうなるのかなという感じがします。でも，そこから先はまた別の芽が出てくると思うのです。もう１つ，総与党化だけではこうはならなくて，要は総与党になっている人の中が単色化していることが問題です。それもこのように急速に，短期間で単色化するとは思いませんでしたけれども。昔の自民党だったら，ここまで来れば分裂する。過度の寡占は分裂を生むはずなのです。それが出てこないのは深刻です。安倍政権はある程度長く続くかもしれません。

杉田　安倍さんが何らかの理由で退陣して，例えばほかの人，石破さんなり誰なりになったとしても，この一強多弱的な体制は続くのか。それとも何らかの意味で安倍さんだから続いているのか。そこの見極めはどうですか。

柿崎　今の安倍さんは官房長官とセットです。官房長官は，みなさん誤解されていますが，ずっと勝ってきたわけではない。1996年に初当選してから，2年もたたない1998年に梶山静六政局で小渕派を3人で離脱し，大善戦するが負ける。2000年には「加藤の乱」，2003年には小泉さんに対して棚橋幹事長代理らと一緒に独自候補を立てようと20人集めようとしましたが，頓挫しました。負け戦か挫折の連続です。初めて2006年に，それほど親しいわけではなかった安倍さんから言われて再チャレンジ支援議員連明を立ち上げて安倍さんを総裁選に勝利させました。実は彼は2回しか勝ったことがないのですが，なぜ彼が2006年と2012年の総裁選で勝てたかというと，いろいろ経験する中で，政治的な勘所を獲得したのだと思います。一方，政権サイドにいた安倍さんは，経世会出身なのに暴れている人がいるなということで，注目していたのだろうと思います。派閥が分裂する可能性があった。頼りになる人物が必要だった。自分の派閥がほしかったということで彼に頼んだ。そういう特殊な経緯があったわけです。そもそも安倍さんも若いときから当時の主流派に異議申立てをしていた。あるいは2回目の総裁選は勝利を見通せない中で勝負して，結果をもぎ取った。そうした修羅場をくぐった経験が，政権運営でも役立っていると思います。

杉田　木村さん，今のことで何かありますか。

木村　自民党が必ずしも強くないということの意味を，もうちょっと伺いたいと思います。

柿崎　一番特徴的なのは当選1，2回生です。かつてのような後援会を作り上げている人が少ない。作れないのです。後援会を作るのはきつい，つらい作業です。ベテランに聞くと当選前から最初の2年ぐらいの間に骨格を作り上げることができなければ盤石なものにするのは難しいと。今の当選1，2回生はそれをやらなくても勝てた。一方，東京の生活は楽しい。どんどんきつさ，つらさから逃げることになる。官邸はそんな実情を知っている。その面だけで言えば，かつての派閥には役割があったのかもしれない。また，スキャンダル対策を選挙に勝つための活動の一環と考えれば，教育機能の一端は担っていたのかもしれないですね。

木村　つまり，あれだけ勝っているように見えて，1人ひとりの選挙における地盤はそれほど強固ではないと。

柿崎　ないです。2012年と2014年で言うと全体的に民主党議員に迫られているのです。民主党議員は勝ち切れていませんけれども，かなり復元しています。

木村　なるほど。そういう意味では危機感に対する過剰防衛みたいなものも現政権には。

柿崎　あります。1，2回生がとても戦えないというのは，かなり明確に認知しています。

木村　そうした方々が，これからどんどん当選回数を重ねていくと，政治的な基盤が弱い中で舵取りをしなければいけなくて，安易なポピュリズムに走り，人気取りに走るがゆえに，政治的にはよくないことをやってしまう可能性が高まっていくと，そういうことですか。

柿崎　そうです。もしかすると劣化が一気にやってくるかもしれません。ただ，そのときまでに野党が生命線を破られていると政権交代がままならないのですが。

木村　野党の側も育たない。

柿崎　種を蒔いてないところに水をかけても，育たないみたいな感じです。野党が弱すぎると与党も弛緩，劣化することもこの数年で国民は理解できたと思います。政治は清濁併せ呑まなければならない仕事です。見込みがあれば有権者が『育てる』という姿勢が必要なんだと思います。そんな候補者が自分の選挙区にいないんだったら他の選挙区で探してもいいですし。

杉田　野党の側に，人材が出てくれば別ですけどね。

木村　そのように考えると，安保法制というのは，この国の政治的な基盤を考える上でも深刻な論点を提起してくれたと思います。これは幸いな部分もあって，安保法制ができても，今すぐに空爆に行くというものではないので，改善していく時間というのは十分にあります。1～2回の選挙で改善できなくても，まだまだ実際に運用されるまでには時間はあるはずなので，時間をかけてでも，この問題をきちんと是正していかなくてはいけないということだと思います。また，それと同時に，この間に出てきた様々な選挙制度を含む課題を正確に認識して，選挙とか今後の政治に臨まなくてはいけないというまとめになるかなと思います。

杉田　繰り返しになりますが，安保法制の審議を通じて，立憲主義の理解が浸透したことは，つくづく大きいですね。今後の日本政治にとって，財産になると思います。

柿崎　私もそうなのですが，立憲主義とは単に憲法に従って政治を行っていくことだと，やや誤解していたところもあったのです。今回，憲法は権力者の権限を縛るものだというのはかなり認識されましたので。

杉田　それは大きいですね。次の選挙が，参議院選挙になるか衆参同日選挙になるかとは別に，また，安保法制の廃止を主要な争点とできるかはまだ未知数ですが，長い目で見ると，権力は抑制的に運用しなければいけないのだという理解が共有された。そうすると，権力が暴走しているように見えるときに，今までだと，どういうふうにそれを批判してよいかわかりにくかったけれども，今後は立憲主義という言葉で整理できるわけです。

本日はありがとうございました。

（2016年2月22日収録）

「安保法制」から考える
最高裁と内閣法制局の役割

（最高裁判所：時事通信フォト）

長谷部恭男
▶ 早稲田大学教授

青 井 未 帆
▶ 学習院大学教授

豊　秀一
▶ 朝日新聞編集委員

「安保法制」から考える最高裁と内閣法制局の役割

青 井 未 帆

長谷部恭男
（司会）

豊　秀 一

Ⅰ．改めて安保関連法制の合憲性について

1．従来の政府見解との整合性

長谷部　本日はお忙しいところ，お集まりいただきましてありがとうございます。「『安保法制』から考える最高裁と内閣法制局の役割」というテーマで話を進めていきます。最初の大きな柱として，改めて安保関連法制の合憲性如何という問題についてお話を伺っていきたいと思います。まず，青井さん，いかがですか。

青井　はい。政府は，安保関連法制は従来の政府見解と論理的に整合しており合憲であると言いますが，私は，従来の政府見解からは説明が不可能であり，無理屈に無理屈を重ねてしまったと理解しておりまして，安保関連法は違憲と考えております。

これまでの政府見解の出発点が憲法９条（以下単に「９条」という）であり，それはつまりは「戦争をしない国」であることを宣明し，軍隊をもたないことを謳う規定であるわけです。もともと朝鮮戦争の際に，警察力の補完を任務とする警察予備隊ができまして，それは「治安組織」だから９条に違反しないと説明されました。それが保安隊となって，さらに自衛隊となりましたが，母体が警察力にあることは，今日でも決定的に大きな意味を持っているはずです。治安の確保のためのものなのだという説明から出発して，その限界を広げて，権限を補充していくという形で作られている以上は，やはり普通の国の完全な軍隊のように振る舞うことはできない。ましてや，武力の行使を禁じた憲法の下で，他国防衛という意味での集団的自衛権など，そもそもどんな理屈を立てても正当化できない。理屈の点で，越えられない線を越えてしまったと考えております。

長谷部　青井さんは個別的自衛権の行使の合憲性については，どういうお立場でしょうか。

青井　9条の下では，個別的自衛権の行使が合憲であるという解釈も，違憲であるという解釈も両方成り立つと考えています。学説では，9条により自衛権も放棄したか否か，また放棄していないにしても，それが武力によるものなのか武力によらないものなのか等々，解釈が分かれています。政府見解は，集団的自衛権の行使容認をする前は，長らく個別的自衛権の行使についてのみ9条の下で合憲と説明してきたわけですが，私は，それは9条の解釈としてありうる解釈だったのであろうと思っています。同時に，武力によらないという形での自衛権なのだという解釈も，9条の1つの解釈としてありうると思います。自衛権そのものは国際法の次元の話ですが，国内の憲法解釈として，個別的自衛権の中身については，武力によるものもよらないものに限ることも，両方とも9条の下で成り立ちうるものだろうという立場です。

長谷部　1点，私から付け加えます。自衛隊の創設時に，政府が9条の解釈を変えたと言われることがあります。つまり，それ以前は個別的自衛権の行使も否定していたのだけれども，自衛隊創設時に，9条の下でも個別的自衛権の行使は許されるという形に見解を変えたと言われることがありますが，これは明らかな誤解です。と申しますのも，日本国憲法の公布時（1946年11月3日）に政府は『新憲法の解説』というパンフレットを発行しています。これは『あたらしい憲法のはなし 他二篇』（高見勝利編，岩波現代文庫，2013年）という本に含まれているのですが，この「新憲法の解説」は，当時の内閣法制局のメンバーが執筆したものです。その中の「戦争の放棄」という９条に関する項目を見ますと，新憲法の審議の過程，つまり第 90 回帝国議会の審議の過程で，９条の下では自己防衛がもはやできなくなるではないか，平たく言うと，外国に攻められたときにそれに対処する手段がなくなるではないかという懸念が表明されたことが指摘されています。

それに対する『新憲法の解説』の答えは，日本がいずれ占領が終わって国際連合に加盟したときには，国際連合憲章自体，実は自衛権を認めているのだから対処ができないことはありえないだろうということを言っています。ですから，少なくとも個別的自衛権の行使については，日本国憲法公布時においてすでに内閣法制局のメンバーは想定をしていたのだということは言えることだろうと思います。

青井　ご指摘のように帝国議会の審議を強調する向きが確かにあります。例えば，「吉田茂が自衛権も含めてもう放棄したと言っているではないか，それを変えたのと同じぐらいのインパクトしかないのだ，長い時間をかければこれが法になる」という趣旨のことが言われたりします。元内閣法制局長官の阪田雅裕氏も，首相はすぐに発言を撤回したものであるし，政府が非武装中立と決定して表明したものではない，政府としては当初から首尾一貫しているとおっしゃっています（世界 2014 年 5 月号 76 頁）。今，長谷部さんがおっしゃったように，国際法のレベルで言うところの個別的自衛権については相当に早い段階から持っているという前提だったと思います。自衛権の中身については憲法学者を中心に依然として，それでもやはり武力によることはできないのではないかという意見が強かったし，今でも私はそれは不可能ではないとは思っているのですが，政府見解としてはそういう意味で一貫しているので，「前にもやったような解釈変更にすぎない」というような批判は全く当たらないと理解しております。

長谷部　豊さん，いかがでしょうか。

豊　私からは，新聞記者として取材をしてきた立場から考えてきたことを述べたいと思います。

今日（2016 年 2 月 19 日），民主党（当時），共産党，維新の党，社民党，生活の党と山本太郎となかまたちの野党５党が，昨年９月に成立した安保関連法を廃止するための法案を国会に共同提出しました。ここに表れているように，野党がこういう廃止を求める法案を提出するということ自体が，取りも直さず違憲性が問われていることの証しだと思います。この間，私も，様々な記者会見に出席しましたが，多くの憲法学者，元内閣法制局長官が記者会見の席で，安保関連法については「従来の政府見解との整合性はない」という見解を表明しました。

昨年の9月1日に同僚記者と山口繁・元最高裁長官のインタビューをしましたが，山口さんはそこで明快に憲法違反だと述べられました。新聞では9月3日付の朝刊でインタビューの概要を紹介しました。山口さんは，大筋でこのように語っています。

「我が国は集団的自衛権を有しているが行使はせず，専守防衛に徹する。これが憲法9条の解釈です。その解釈に基づき，60余年間，様々な立法や予算編成がなされてきたし，その解釈をとる政権与党が選挙の洗礼を受け，国民の支持を得てきた。この事実は非常に重い。」

「長年の慣習が人々の行動規範になり，それに反したら制裁を受けるという法的確信を持つようになると，これは慣習法になる。それと同じように，憲法9条についての従来の政府解釈は単なる解釈ではなく，規範へと昇格しているのではないか。9条の骨肉と化している解釈を変えて，集団的自衛権を行使したいのなら，9条を改正するのが筋であり，正攻法でしょう。」

山口さんがおっしゃっているような，9条が国民の支持を得て規範として骨肉化しているということは，9条のこれまでの解釈が国民の支持を得ていたことを表しています。これまでの骨肉化した集団的自衛権の行使はできないという規範がありながら，安倍政権が時の政権の都合でひっくり返してしまったことが問題だと思うのです。つまり，これまで，黒だと言ったものをある日突然，政権の都合で白だと言い換えたということです。安倍政権の行った政府見解が，従来の政府見解と整合性がないのは明白なことではないかと思っております。

それと，先ほど長谷部さんがおっしゃった憲法制定過程についてですが，当時の憲法制定過程について勉強してみると，例えば1946年5月6日の枢密院委員会での議論があります。これは議事録が国立国会図書館の「日本国憲法の誕生」というWebサイトにも載っています。「不当に攻められて手をこまねいて防衛できないのはおかしいのではないか」という林という顧問官からの質問に対して，当時の法制局長官の入江俊郎が，「国家として最小限の自衛権を認めることは当然である」と答弁しています。戦争，武力による解決を今後絶対に行わないという捨て身の態度をとるということが1つの態度であると思う，という趣旨のことを言いながら同時に，国家として最小限度の自衛権を認めるのは当然である，というように入江が答えていることは，先ほど長谷部さんがご紹介になったところを裏付けるものではないかと思っております。

憲法の制定に関わった人たちも，攻められた場合に何らかの措置をとることを視野に入れていたということだと思います。であれば，自衛隊創設は個別的自衛権の範囲であり，解釈の幅の中，すなわち憲法の枠内と考えることができるのではないでしょうか。

長谷部　今，豊さんからもご指摘のあった安倍内閣による解釈の変更は，ただの解釈の変更ではないという点に関連しますが，内閣法制局が今まで解釈の変更と言われることをやったことが一度もないというわけではもちろんないわけです。よく知られている例では，いわゆる靖国神社への閣僚の公式参拝，それが是か非かという論点については，中曽根内閣のときにある種の解釈の変更がありました。それまでは，公式参拝が合憲なのか違憲なのか判断は微妙であると考えられていた。微妙なのでやめておいたほうがいいだろうということであったのが，靖国懇（閣僚の靖国神社参拝問題に関する懇談会）の答申を受けて，一定の条件の下で特定の形式に則れば合憲の公式参拝はありうるという答えを出した。そのように解釈を改めたということです。

これは，先ほどの豊さんの使った色使いの言い方で言いますと，今までは灰色だったものを一定の条件を付ければここまでは白だと言えるということでして，今までは真っ黒だったというものが条件を付ければ白になるという話ではないわけです。

それから憲法66条2項の，いわゆる文民条項で言うところの文民に自衛官が当たるかどうかという点については，これは，当初は当たるとされた。ですから，自衛官も国務大臣になることはできるという見解だったのが，1965年に，自衛官は文民には当たらない。ですから国務大臣となることはできないということになり，これは結論がはっきり変わっているわけです。ただ，武力組織固有の特殊利益に基づいて民主的な政治過程が不当に影響を受けてはいけないという原理原則自体は全く変わっていないわけです。ただ，自衛隊が創設以来，年月を経て成熟した武力組織になったと――そうした判断から結論が変わったというわけです。原則自体は変わっておらず，論理の筋道も十分に納得が行くものですし，結論も極めて明確です。

問題は，今回の集団的自衛権の行使容認という解釈の変更について同じことが言えるのかという話になってくるだろうと思います。ではこの点については，青井さん，いかがでしょうか。

青井　すでに今の長谷部さんのご説明で言い尽くされている観があると思うのですが,「できない」と言っていたことを「できる」というように180度転回するなど，これまでの政府見解を見てもなかったことであるわけです。それはなぜかと言えば，内閣法制局長官等が国会でもずっと答弁してきているように，法の解釈や憲法の解釈というのは論理の積み重ねなのであり,「正しい唯一の解釈」があることに，内閣法制局は特にこだわってきました。論理的な認識作用の結果として，当然にこの結論が出てくるというのですから，論理の問題として，出てきようのない問題があります。集団的自衛権は,そういう問題として説明されてきました。だからこれはそうそう簡単にひっくり返せるものではないということは，これまで何度も国会で述べられてきています。理屈に理屈を積み重ねて作り上げられてきた解釈を，理屈を曲げて，ひっくり返すことなどできないと言っていたのに，そういう類いの変更を，今回してしまいました。

長谷部　確かにおっしゃるとおりで，集団的自衛権行使容認に向けて舵を切った2014年7月1日の閣議決定（以下「7・1閣議決定」という）自体が,論理的な整合性と法的な安定性が政府による有権解釈には求められるのだと明言しています。論理的な整合性を保つためには，従来の政府見解の基本的な論理の枠内にないといけないということもこの閣議決定自体が言っているわけです。従来の政府見解の基本的な論理の枠内にあると言うために持ち出してきたのが，いわゆる我が国と密接な関係にある他国に対する武力攻撃が発生し――これは集団的自衛権の行使である以上そうなるわけですが――そのときに，これにより我が国の存立が脅かされ，国民の生命，自由及び幸福追求の権利が根底から覆される明白な危険がある場合には集団的自衛権の行使が認められるという理屈で，これが従来の政府見解の基本的論理の枠内だと主張しているわけです。

これは，実は，個別的自衛権の行使のみが9条の下では認められるのだという，その論拠として政府が言い続けてきたその論拠そのものを持ち出してきて，その枠内で集団的自衛権の行使も認められると言っているのです。私に言わせれば，見せかけようとしているわけです。

ただ，これは何人もの元内閣法制局長官の方々が指摘しておられるとおり，自国を防衛するための個別的自衛権と他国を防衛するために行使される集団的自衛権はその本質が全く違う。個別的自衛権のみが許されるとするその論拠に基づいてなぜ他国を防衛するための集団的自衛権が認められることになるのか，そんなはずがないではないかということが指摘されております。これは，私もそのとおりなのではないかと思います。

豊　その集団的自衛権と憲法との関係を整理したものが，いわゆる1972年の政府見解だと思うのです。これは3つの柱による構成でできています。すなわち，①我が国の存立を全うするために必要な自衛の措置をとることを9条は禁じていない。②しかし，その措置は必要最小限度の範囲にとどまるべきだ。③したがって，他国に加えられた武力攻撃を阻止する集団的自衛権の行使は許されない。この3つの論理構成から成り立っています。ところが今回の政府見解は，①と②はそのままにして③，つまり，これまで他国に加えられた武力攻撃を阻止する集団的自衛権の行使は許されないと言いながら，突然，一部は認められると言い出したわけです。この③だけを，安倍政権は都合良く逆転させている。先ほども言いましたが，国際的な安全保障環境が根本的に変容したからといって，③で黒だと言っていたのを，突然白だと言うのは，どう考えても理解に苦しむところです。

昨年来，高校生や大学生，会社員，主婦など，いろいろな方々が「安倍政権が言ってることはおかしいんじゃないの」ということで，街頭でデモをしたりして，異議ありとの声をあげてきました。これまでの政府の説明から，結論だけを180度ひっくり返す，理屈が通らないおかしさを，国民の皆さんが肌で感じ取ったのではないかと思います。

長谷部　これは元内閣法制局長官の方々のお話だけでもそうですが，私としての説明も加えておきます。

この「我が国の存立が脅かされ，国民の生命，自由及び幸福追求の権利が根底から覆される明白な危険」は個別的自衛権の行使のみが許されるという

ことの論拠になってきたのですが，実はこの言明は，個別的自衛権の行使を正当化する論拠としても内に引きすぎている論拠です。というのも，例えばの話ですが，日本固有の領土だと言われている尖閣諸島が外国によって攻撃を受けて不法に占拠されたということがあるとしても，果たしてそのことだけで我が国の存立が脅かされたり，日本国民の生命，自由及び幸福追求の権利が根底から覆されたりするのかというと，そうは言いにくいのではないか。早い話が，竹島や北方領土は，少なくとも日本政府の説明ですと外国によって不法に占拠されていますが，その結果として日本の存立が脅かされそうになっているかとか，日本国民の生命，自由及び幸福追求の権利が根底から覆されることになっているかというと，恐らく普通の人は，そうは考えていないだろうと思います。

ただ，そうは言っても，日本の領土が外国の軍隊によって攻撃されるということになれば，それに対して個別的自衛権を行使できるというのは，これは，国内法上も国際法上も明らかです。そういう意味では，政府が2014年以前から使ってきたこの言い回しは，実は個別的自衛権行使を正当化する論拠としても消極的にすぎるもので，そんな論拠を使ってどうやって外国を守るための集団的自衛権の行使が正当化できるのか，これもまた非常に不思議な話ではないかと思っております。

青井　これまで，集団的自衛権行使容認がされる前には「個別的」というような言葉も使わずに，単に「自衛権」だったわけですが，どういうときに，どれくらい自衛権が使えるかということについては「自衛権発動の三要件」というものがありました。すなわち，①我が国に対する急迫不正の侵害があること，②この場合にこれを排除するために他の適当な手段がないこと，③必要最小限度の実力行使にとどまるべきことです。

国際法における自衛権の要件は，自衛権は，外国からの急迫または現実の不正な侵害に対して（違法性），侵害を排除するためには実力の行使以外に手段がなく（必要性），とられた実力行使が加えられた侵害を排除するために必要な限度で行使されなければならない（均衡性）とされているので，③が決定的に国際法における要件とは異なっていて，自衛権発動の三要件は日本独自の規格です。

7・1閣議決定では，いわゆる「新三要件」として，①我が国に対する武力攻撃が発生したこと，または我が国と密接な関係にある他国に対する武力攻撃が発生し，これにより我が国の存立が脅かされ，国民の生命，自由及び幸福追求の権利が根底から覆される明白な危険があること，②これを排除し，我が国の存立を全うし，国民を守るために他に適当な手段がないこと，③必要最小限度の実力行使にとどまるべきこと，になりました。「必要最小限度」という言葉が実質的な意味を失ったのかもしれませんが，③は維持されています。もしかすると自衛権の実体としては，かつての自衛権よりも縮減されてしまったという長谷部さんのご指摘は大変重要な問題をはらんでいるのかもしれません。

そこで1つ疑問があります。政府はこれまで，国際法上の自衛権を我が国は独立国家である以上は当然に持っている，だから自衛のための必要最小限度の実力は戦力に当たらないのだという説明の仕方をしてきました。つまり，そこに言うところの自衛権というのは，基本的に国際法上認められている，各国が主権国家として行使する権限でありましょう。だから，この理屈立てからすると，「国民の生命，自由及び幸福追求の権利」というような言葉は必然ではなく，要らないとさえも思うのです。しかし，集団的自衛権発動の根拠として，これが出てきている。これは，どういう意味があるのでしょうか。

確かに1972年10月14日に参議院の決算委員会に提出された文書におい

ては憲法13条や前文を使っていて，自衛と憲法上の根拠について説明されているのですが，本来，このような説明は傍系だったのではないか。1972年の文書も，なかなか手に入れられないレアな文書だったと言います。この文書が使った論理に全面的に依拠することで，自衛権の性格が変えられてしまっているのだろうと。国際法上に本籍があったものを，あえて憲法13条的な言い回しを持ち出すことによって大きく変質させるような性格を，この文書やそれを用いる7・1閣議決定は持っているのだろうと思われるのです。9条の下で国家の実力行使の機会を広げる際に，憲法13条を持ち出すことはできないのではないかと考えますし，違和感を覚えるのですが，集団的自衛権を取り込むために13条的な言い回しが使われたせいで，これまで整理されてきた自衛権についても，7・1閣議決定以降，変質が進んでいるのではなかろうかと思っています。

長谷部　もう少し話を広げますと，いわゆる「保有すれども行使せず」と，集団的自衛権については，従来そう言われてきたわけですね。これ自体が，何か論理的におかしいと言われることがありました。しかし，保有すれども行使せずというのは，実は大日本帝国憲法の基本原理の1つです。というのも，大日本帝国憲法の4条には「天皇ハ国ノ元首ニシテ統治権ヲ総攬シ」とあり，ただ，その行使に際しては「此ノ憲法ノ条規ニ依リ之ヲ行フ」と定めているわけです。要するに，全国家権力は天皇が保有している。ただ，その権力を行使する際には天皇自身が定めた欽定憲法の条文に縛られて，その範囲内でしか行使しませんということを言っているわけで，「保有すれども行使せず」というのは，実は大日本帝国憲法の基本原理です。ですから，国連憲章が認めている，もともと保有しているはずのものを憲法に縛られて行使できないのはおかしいではないかということは，少なくとも保守主義者の方々であれば，言ってはいけない話なのではないかなということを私は思っているのです。

豊　日本は遠くない過去に，軍国主義の下で無謀な戦争に突き進み，国内外で多大な犠牲をもたらしたわけです。その深い反省に立って，「平和主義」を掲げて，9条を持つ国として戦後を出発しました。たとえ権利があっても，われわれとしては憲法9条1項・2項の解釈の下で集団的自衛権には手を付けませんとこれまで言ってきたわけですから，そこは，われわれ日本人の選択であるというように考えれば，特段不思議ではないと思います。

長谷部　それも全くおっしゃるとおりで，持っているものだから必ず使わなくてはいけないということは，権利については，一般に言えることだと思います。

2. 法的安定性の毀損

長谷部　論理的整合性とは別に，7・1 閣議決定自体が指摘している点は，法的安定性も保たれていなくてはいけないということです。ところが，不思議なことに，7・1 閣議決定は，法的安定性の点についてはほとんど何も語っていないのです。ただ，具体の問題として，例えばホルムズ海峡での機雷掃海活動は認められるのかどうかという点については，実は連立を組んでいる与党の党首の結論が違うのです。安倍晋三首相は「許容される」と言っており，公明党の山口代表は「認められない」と言っています。

つまり，2014 年 7 月の解釈変更の結果，具体的な法的結論がどうなるのか，その点が極めて不安定になったような気がしています。青井さんはこの点はいかがでしょうか。

青井　結局のところ，2015 年安保国会で政府が言っていたことは「全て政府にお任せあれ」という一言に尽きるだろうと思っています。事前に何が存立危機事態に当たるのか，どういう結論を出すのかなどが極めて不明確である。これまでの政府見解では，他国からの攻撃を受けて，そのための防衛だということですから，比較的，クリアカットな議論だったと思います。武力攻撃があるかないか，1 かゼロかということでした。それが，政府が総合的に判断する結果として，ホルムズ海峡が入るかもしれないし，やはり入らなくて南シナ海かもしれないしというような形で，全く不明瞭なものになってしまった。これは，法的安定性を著しく損なったものであると考えています。

もしかすると，政府としては，法的安定性を狭くとらえて，「いまさら芦田修正論をとるなどの『ちゃぶ台返し』はしません」という意味で言っているのかもしれません。でも，それは，そもそもここまで論理を積み上げてきた現実を前に，「実は自衛戦争のためなら戦力も持てます」などといった変更をする選択肢はなかったと言うべきです。そういう意味でも，法的安定性と言うならば本当は語られなくてはいけなかったことが曖昧にされてしまったのだろうと思います。「全て政府にお任せあれ」というのは，少なくとも9条の下で，日本がとってきた政策の中で見るなら，法的な安定性を大きく損なうものでした。

長谷部　具体的な結論がぐらついているという点については，豊さんはいかがですか。

豊　まさに歯止めがないということでは，地球の裏側までアメリカにお付き合いしなければいけないのかどうか，というところが，全く見えません。そこが一般の人々の不安を駆り立てているのでは，と思います。具体的に言うと，先ほど長谷部さんがおっしゃった，ホルムズ海峡の機雷掃海です。最初は原油などを運ぶ輸送ルートが機雷で遮断されると，日本も重大な危険にさらされるという説明がありました。

ところが，野党からは，そもそも経済的な理由だけで存立危機と言えるのかと批判を受けるようになります。最近では，対立していたイランと米欧が核開発問題で合意したという状況も加わり，どんどん説得力がなくなっていく。そういう中で昨年9月14日の参議院平和安全法制特別委員会で，安倍首相は，「新三要件に該当する場合もあり得るものでありますが，今現在の国際情勢に照らせば，現実の問題として発生することを具体的に想定しているものではありません」と認めざるをえなくなっています。政府の想定自体が明らかに変わってきていますね。

もう1つは多くの人が印象に残っているシーンです。安倍首相が7・1閣議決定前の2014年5月15日の記者会見で，「邦人輸送中の米輸送艦の防護」というタイトルのパネルを示して，身振り手振りを交えて熱弁を振るった場面を覚えている方も多いと思います。首相は「まさに紛争国から逃れようとしているお父さんやお母さんや，おじいさんやおばあさん，子供たちかもしれない。彼らが乗っている米国の船を今，私たちは守ることができない」と言って，そういう情緒に訴えかけて，集団的自衛権の行使を認めることが必要だと訴えたわけです。そして，7・1閣議決定当日の記者会見では，我が国への攻撃ではないが，「それでも日本人の命を守るため，自衛隊が米国の船を守る。それをできるようにするのが今回の閣議決定です」という説明をしました。

ところが，どうでしょう。昨年8月26日の参議院平和安全法制特別委員会で「退避する邦人が米軍の軍艦に乗っている，これについて，どこが存立危機なのか」「どこが明白に根底から〔我が国の存立が〕覆される危険に当たるのか」という質問をされると，中谷元防衛大臣は，「邦人が乗っているか乗っていないか……ということは判断の要素の一つではございますが，絶対的なものではございません」と答弁したのです。退避する日本人を守るというだけでは，集団的自衛権の行使ができないということも認めました。安倍首相が示したパネルについても，中谷防衛大臣は，「存立危機事態と認定されれば可能になってくるというような説明のために使われた」と言い，日本人の保護とは別の理由で，集団的自衛権を扱える存立危機事態と認定して米艦を守ることもありうると説明したのです。何が認定の理由になるかについても，最終的に「総合的に判断する」というだけで明言はしていません。では，あのパネルを使った安倍首相の熱弁は一体何だったのでしょうか。

歯止めがないという点では，「重要影響事態」もそうです。政府の説明では，放っておいたら日本が攻撃されてしまうような，国の安全に関わる状況を言うということで，周辺事態法[1]を改正して名前も変えました。同法は，日本が攻撃を直接受けていなくても，日本周辺の朝鮮半島などで有事（戦争）が起きた際，自衛隊による米軍への物資や人員の輸送・補給などの支援を可能にするためのもので，今回の法改正で「我が国周辺の地域における」という制約がなくなったことによって，地球の裏側まで，他国軍への後方支援ができるようになったのです。ところが，どんな事態を想定しているのか国会の議論を聞いていてもよくわかりませんでした。

政府の想定や説明がコロコロ変わるために，これらの法律で一体何が可能で，自衛隊の活動範囲がどこまで広がっていくのかが，全く見えないことが問題だと思います。

1) 正式名称は「周辺事態に際して我が国の平和及び安全を確保するための措置に関する法律」（平成 11 年法律第 60 号）。政府は安保関連法制整備の一環として同法の改正を行い（平成 27 年法律第 76 号），名称を「重要影響事態に際して我が国の平和及び安全を確保するための措置に関する法律」と変更したほか，1 条 1 項の「我が国周辺の地域における」という文言を削除し，同項中の「周辺事態」との文言を，地理的な制限なく我が国の平和と安全に重要な影響を与える状況を意味する「重要影響事態」に改めた。

3. 安全保障上の必要性

長谷部 今の豊さんのご指摘というのは，そもそも筋が通らないと言いますか，政府が何を主張しているのかよく理解できないということでもありますし，さらに言えば，そもそもこの集団的自衛権の行使がなぜ必要と言えるのか，その根拠が全くわからないということだと思うのです。ご指摘のように，そもそもホルムズ海峡が機雷で封鎖されるという現実的な可能性もない。

さらに言えば，米艦が単独で行動すること自体，そもそもどれだけ現実的にありうるのか，可能性は非常に低いということだろうと思われます。この必要性について，7・1閣議決定は非常に漠然としたことしか言っていません。「我が国を取り巻く安全保障環境の変化」と言うのですが，おそらく悪い方向へ変化しているということなのだろうと思います。その内容というのは，「パワーバランスの変化，技術革新の急速な進展，大量破壊兵器……などの脅威」と，極めて抽象的なことしか言っておりません。仮に我が国を取り巻く安全保障環境が，本当により厳しい深刻な方向に変化をしているのだとすると，今回の安保法制がそうしようとしているように，我が国の限られた防衛資源，防衛力を地球全体に拡散してしまうのは愚の骨頂ではないかという気がいたします。

青井 長谷部さんがおっしゃったとおり，せっかくのわずかな防衛資源を拡散するのは愚の骨頂と思われます。しかも，今，日本は，「我が国を防衛するため必要最小限度の実力」しか持っていないはずなのです。そのような状態のまま，それを世界規模にまで拡散させるのは，我が国を防衛する力が減ってしまうことになります。日本はまだ，「軍事大国とならないこと」を基本政策として掲げているはずですが，軍事大国にならないで，他国を防衛しながら自国を防衛することは可能とは思われません。

それから，「安全保障環境の変化」というのは，これまで政策変更，あるいは新しい政策を作る際に，常に枕詞として言われてきたことであり，全く変化しない安全保障環境というのはありえない話であろうと。むしろ語られないところに，本来の目論見があって「語れない」のだろうと考えたほうがいいのではないか。「安全保障環境の変化」という漠然とした言葉ですが，現実に引き直してみれば，「日米同盟」と言われる関係をどういう方向に動かそうとしているのかという観点から見る必要があると思います。具体的に言えば，2015年の日米ガイドライン[2)]改定で何をしようとしたのか，どうなったのかを知るほうが，「安全保障環境の変化」を掲げながらの今回の安保関連法制の整備がなぜ必要だったのかということを，推察しやすいのです。日米ガイドライン改定は一体何のためだったのか。

安保法制懇[3)]座長代理の北岡伸一氏は，「同盟には必ず，見捨てられる危機と巻き込まれる危機がある。昔のように米国が圧倒的に強い状況ではない。明らかに腰が引けており，今あるのは見捨てられる危機だ。米国を何とか引きとめなくてはいけないのに，米軍が襲われても助けるのは嫌だという都合のいいことはできない」と言っていました（毎日新聞2014年4月16日）。しかし，日米ガイドライン改定で引き止めることに成功したのかという点については，重大な疑義が示されています（春名幹男『仮面の日米同盟――米外交機密文書が明かす真実』〔文春新書，2015年〕）。

何とかアメリカを巻き込むということが，広い意味での安全保障上の必要とみなされていたのでしょう。元外務事務次官で国家安全保障局長の谷内正太郎氏は，「日本のGDP比1%の防衛費では，抑止力維持のために米国の軍事戦略全体との連携が不可欠である。騎士と馬の関係で主は騎士であるが，従たる馬も騎士の目指す方向をつねに見極めねばならない」とアメリカを騎士に日本を馬にたとえて話されています（武藤記念講座（講演）「志ある外交戦略　普天間問題と日米同盟の将来」2010年7月3日）。「馬」として見捨てられないために，「騎士」であるアメリカの支援をしなければならないとは，国会等の議論では表に出せない必要性でしょう。

2) 日米両政府は2015年4月27日，日本が他国に攻撃されたときや周辺国有事における自衛隊と米軍の役割分担を定めた「日米防衛協力のための指針」（日米ガイドライン）の改定に合意した。ガイドラインの見直しは18年ぶりであり，日本政府が安保法制整備に先立ち，自衛隊の活動内容拡大をにらんで，世界の安定のために両国が協力を深めることを強調する内容となっている。

3) 2007年（第1次安倍内閣）に安倍首相の私的諮問機関として設置された「安全保障の法的基盤の再構築に関する懇談会」のこと。2013年から7回にわたって開催された同懇談会の会合の内容をまとめた報告書（2014年5月15日）では，「『必要最小限度』の中に集団的自衛権の行使も含まれると解釈して，集団的自衛権の行使を認めるべきである」と結論付けられている。同日に行われた前掲の記者会見では，安倍首相自身が冒頭で，この報告を受けての説明である旨を述べた。

長谷部　隠された，表立って言えない必要性と，表に出されている，どうも根拠のはっきりしない必要性との間に乖離があるというご指摘だと思います。豊さんは，この点についていかがですか。

豊　この点に関しては3点気になっているところがあります。まず1点目は，安全保障上の必要性があるから，集団的自衛権の行使を認めるようにしていいのかという，安全保障という政策論と憲法論がごちゃ混ぜになっていることです。安倍首相の私的諮問機関である安保法制懇ですが，あの報告書の発想がまさにそうなのですけれども，ここに政策と憲法があって，これらを同時に論じているという，そのごちゃ混ぜ論が気になっているところです。ですから，仮にその安全保障上の必要性があって，どうしても集団的自衛権行使が必要と言うのであれば，正面から憲法改正の手続を踏むというのが，いわゆる法の支配というか，筋が通った話ではないかと思います。

2点目は，東アジアに政治的緊張が高まっているというようなことを安倍首相がおっしゃるのですけれども，それが「日米同盟の強化」＝「集団的自衛権の行使」に直結する要因なのか。そのことによって，抑止力が高まるとは言うのですけれども，それが本当にそうなのかということについて，抑止論はそもそも証明不能なもので非常にわかりにくい。これまで国会で言われてきた主な項目は，個別的自衛権で対応できるように思えるのですけれども，そこに証明不能な抑止論というのを出してきて，集団的自衛権の行使が必要なのだという理論が極めてわかりづらい気がします。しかも，あえて他国を防衛するのだと外に出ていって，アメリカと一緒に何かをする必要性が本当にあるのかというと，そこは極めて疑問です。

3点目は，国際的な安全保障環境が悪化しているのであれば，軍事力でない方向で緊張を緩和する，近隣諸国と和解を進めるという，軍事力に頼らない方向で安全保障を構築していくという姿勢が，一連の議論で欠けているように思いました。安全保障というのは，決して軍事面だけではないと思います。アジア・太平洋戦争で，日本は近隣諸国を侵略し，多大な犠牲を与えたわけです。きちんと過去を見つめて，和解を実現していくというのが，本来求められていることかと思います。そんな政府レベルでの取組が国際的な緊張緩和にもつながっていくのではないでしょうか。

ところが，昨年の戦後70年に当たって発表された安倍談話（2015年8月14日）では，一体誰が植民地支配をしたのかという主語がありませんでした。「私たちの子や孫，そしてその先の世代の子どもたちに，謝罪を続ける宿命を背負わせてはなりません」と述べ，過去からの決別を強調しました。そのため「もう過去は忘れたいのではないか」という誤ったメッセージを海外に与えたのではないか，かえって「過去の侵略を本当に反省しているのか」という不審の目で見られたのではないか，という気がしています。昨年末（2015年12月30日）に慰安婦問題で日韓合意に達したというのは確かに前進だとは思います。様々な課題を抱えて，なかなかさらに前へと進んではいけませんが，外交力などを使って，緊張を緩和してもらいたいと思っています。

長谷部　大雑把な話をすると，これは木村草太さんがよく指摘する話ですが，政府の主張している必要性なるものは，具体的な論拠に基づく安全保障の必要性というのではなくて，むしろみんなの「安心」を保障しなくてはいけないという，情緒論ではないか。しかし，「安心」というのは保障できないものです。不安の種は尽きることがありませんから。「安心」を保障しようと思って，軍備を拡張しよう，軍事行動の範囲を広げようという話になると，どんどん拡張していかないといけない。憲法のタガもどんどん外していかなければいけないということになってしまう。安全保障の代わりに，安心保障のレトリックを使うのは非常に危ないという印象を，私は持っています。

青井　1点付け加えさせていただきます。先ほど日米同盟至上主義的な理解について申し上げたのですけれども，これもまたすごく素朴に感じる疑問なのですが，日米同盟至上主義からすると，最終的に日本政府が総合判断するという政府の説明は，到底受け入れられないはずなのです。「防衛義務を負います」[4]という点にアピール力があるはずなので，アメリカにもっとコミットしてもらうためにコミットする，ということが目的であるならば，防衛義務が当然に発生する，自動的に発動することにならなければ，日米同盟に資さない。そう考えると，総合判断といっても，実はそのような余地が，運用上はないのではないか。仮に総合判断する余地があるのなら，さらなる改正も必要なのではないかなど，検討していかなくてはいけないのだろうと思っております。集団的自衛「権」と言いますが，権利だけでなく防衛「義務」という観点からも，運用の実態を注視していかなければならないと考えます。

4）「日本国とアメリカ合衆国との間の相互協力及び安全保障条約」（日米安保条約）の5条前文には「各締約国は，日本国の施政の下にある領域における，いずれか一方に対する武力攻撃が，自国の平和及び安全を危うくするものであることを認め，自国の憲法上の規定及び手続に従って共通の危険に対処するように行動することを宣言する」とあり，日本政府はこれをアメリカの日本防衛義務と位置付けている。

長谷部　日米同盟に関してもう1点付け加えておくと，日米安全保障条約に基づいて，本当に日本の安全が具体的な危機に陥ったときに，アメリカ政府が必ず動いてくれるという保証はないのです。この手の安全保障条約は，それこそアメリカ政府の確立した憲法解釈によると，自動執行性がないということになっています。仮に安全保障条約を締結している相手の国が武力攻撃を受けたからといって，アメリカ政府に自動的に防衛義務が生ずるわけではない。それは，それこそアメリカ政府，あるいは連邦議会の承認も必要ですので，アメリカ政府と連邦議会とが判断する話です。

先ほどの青井さんの見放され論というのは，見放さないでくれと言っても，そもそも見放されないで済む保証がもともとどこかにあるのかというところも確認しておく必要があるのではないかと思います。

Ⅱ．内閣法制局の従来の役割

1．従来の政府見解は憲法9条に反しているのか

長谷部　次の大きな柱に移ります。内閣法制局は，9条に関して，様々な有権解釈を出してきました。それが政府の行動を規律し，制限してきた。これは，国会を含めた広い意味での政府です。

この問題について最近，藤田宙靖教授（元最高裁判事）が，『自治研究』に論稿を掲載されました（藤田宙靖「覚え書き――集団的自衛権の行使容認を巡る違憲論議について」自治研究92巻2号〔2016年〕3頁。以下「藤田論文」ともいう）。大雑把にまとめてしまうと，集団的自衛権の行使容認が

憲法に違反しているという主張があるが，その違憲論の論理がきちんと詰められていないのではないか――という指摘です。藤田教授は，実定法の解釈論の大前提として３つの公理があると指摘しています。公理１は，誤った法解釈を正しい法解釈へと改めるのは当然だというもの。公理２は，内閣法制局は内閣の補助機関にすぎない。その解釈が内閣を含めた他の国家機関を拘束する有権解釈となるいわれはないというもの。公理３は，憲法に関する最終的な有権解釈機関は最高裁判所であるというものです。

この３つの公理が大前提として成り立っているとして，しかも，集団的自衛権の行使を認めるように解釈を変えることは憲法違反であるのだとすると，そうした違憲論を唱えている人たちは，従来の政府見解こそが，９条の客観的に正しい唯一の解釈であると前提しているということになるのではないか。だからこそ，2014年７月の憲法解釈の変更というのが憲法違反である，違憲の解釈の変更であるということになるのではないか，ということを指摘しておられます。

同じようなことを考えておられる方は，おそらく他にもいらっしゃるのではないかと思います。つまり，９条についてはいろいろな解釈がありうるだろう。2014年以前の政府見解も，数多くある解釈の１つである。それを別の解釈に変えただけであれば，そのどこが憲法違反なのか――という疑問です。

もう１つの論点は，そもそも2014年以前の個別的自衛権行使を認めるという政府の解釈も，実は９条に反しているのではないか。９条の条文を言葉どおりに理解すれば，およそ武力の行使はいかなる場合にも認めていないのではないか――そういう疑問もおそらくあるだろうと思います。こうした問題について，青井さんはいかがですか。

青井　最初にいただいたご質問と密接に関わるかと思いますが，私の理解を述べますと，９条の条文をどう解釈するかについて，言葉どおりに解釈する立場も，そうではなく，2014年までの政府見解のように解釈する立場も両方あるだろうと考えています。学説の多くは，言葉どおりに解釈すべきと言ってきました。2015年に安保関連法整備が国民的問題となって，憲法学者にアンケート調査がとられましたが，ある結果では60％超の学者が自衛隊の合憲性に疑問を抱いているとのことだったようです。

そういう前提において，私は一研究者として，学理解釈を述べる者として，9条を言葉どおりに解釈すべきと考えています。そのような，政府見解に反対する立場が，何ゆえに今回このような変更が行われたことをおかしいと主張できるのかと言えば，長谷部さんのお言葉を借りると「機能する憲法」（長谷部恭男『憲法の境界』〔羽鳥書店，2009年〕15頁～17頁）としての9条であったことを認めているからであると。「機能する憲法」である以上は，制度の根幹にある，コアにある理屈がそこには置きえないような理屈に換えられてしまうことは，「機能する」の意味に反する。政府見解のロジックとしても，説明のつかない理屈で，正当な理由なく，十分な然るべき理由なくそのようなことをすることは，権力を憲法で縛るというような試み――大きく立憲主義という言葉で置き換えますと――立憲主義にもとることであるという立場です。

もっとも，私は政府見解が全て「機能する憲法」としての正統性を主張できるものだったとは思っていません。特に，自衛隊の海外展開任務の関係で示された政府見解は，大いに問題であると考えます。政府見解は，ざっくりと分けますと，自衛隊の活動について2つの議論の筋で説明してきました。1つは，「憲法上，武力の行使はできないのだけれども，例外的にできる場合がある」という自衛権の行使と，もう1つは「武力の行使に当たらないからできる」という，警察権の行使とか武力行使一体化論などに関する議論です。

問題は，集団的自衛権が行使できないとずっと言われてきたように，1つ目の筋，つまり武力の行使が例外的にできるという議論の余地がすごく狭かったので，2つ目の筋である，武力の行使に当たらないからできるのだということを最大限に活用して，広げてきた，広げすぎたというところにあります。もう伸ばせるだけ伸ばしてしまったゴム，あるいは切れかかっているゴムだと思っています。PKO（国連平和維持活動）などその典型で，議論のためにする議論を積み重ねて，法的にも不安定な中で自衛隊員を活動させるのは，とんでもないことだと思います。

そういう意味で言うと，今まで存在していた従来の憲法解釈が全て正しく機能しているとは思っていないのですが，少なくとも，通用している解釈が別の解釈に変えられるというときに，その解釈のコアにある論理を毀損するようなことはできないという立場です。

2. 政治権力を拘束する憲法とは何か——機能する憲法

長谷部　ここは私と青井さんとで見解が多少異なっている点かもしれません。私の基本的な立場は，法というものは大部分の場合は条文の言葉どおりの意味に理解し，条文の言葉どおりに具体の事実に当てはめれば，それで紛争も解決するし，また社会生活でどのように行動するべきかについて，大多数の人に適切な指示を与えるものだというものです。ただ，9条に限ったことではないのですけれども，9条に関しては，条文の言葉どおりにしていれば，それで済むというわけにはいかない。そこが，青井さんの言葉遣いで言うと，例外的な場合に当たるはずです。

日本が直接外国から武力攻撃を受けた場合でも武力を行使して対処しなくてもいいのかということになると，そうはいかないのではないか。そうした場合は例外的な場合，つまり条文の言葉どおりの理解のままでは済まない場合であって，解釈が必要になるわけです。別の言い方をすると，こうした場合は条文の文言は権威として，つまり「機能する憲法」としては，その役割を果たしていないことになりますから，解釈という形で，条文の指し示す理念は勘案しつつも，その文言から離れて，何が適切な解決なのかを考えていかなくてはいけないことになります。

ただ，そうした場合に

各人が，それぞれ個別に判断していればいいのかということになると，大変な混乱が起こりかねない。そこで有権解釈が必要になります。9条に関する限り，最高裁判所は，そうした有権解釈を示す役割をほとんど放棄してきたわけで，そこで代わりに有権解釈を提供してきたのが内閣法制局だった。だからこそ，内閣法制局の提供してきた有権解釈が，「機能する憲法」として，現実には政府諸機関の行動も枠付けてきたし，その行動を制約してきた，そういう意味で「機能する憲法」としての役割を果たしてきたわけです。

ここでは，立憲主義，つまり，憲法によって政治権力を拘束するというときのその憲法の役割を，内閣法制局の有権解釈が果たしてきたことになる。ですから，先ほどの藤田論文に戻ると，今回の集団的自衛権行使を容認するという解釈変更が違憲であるというのは，別に以前の政府の解釈が唯一正しい解釈だと前提する必要は全くないわけです。以前の政府の解釈が機能する憲法として，実際に政府諸機関の行動を枠付け，制約してきたのだというその現実を認識した上で，それを変えることに十分な説得的な理由を政府は全く示していないと言えば，それで違憲だという結論を支える理由としては十分だと私は考えております。

豊　藤田論文にもありますように，内閣法制局は内閣の補助機関です。もちろん，補助機関であるということは，内閣法制局の関係者もそう認識しているわけでして，元内閣法制局長官の阪田雅裕さんは著書『政府の憲法解釈』（有斐閣，2013年）の序の中で，「憲法の規定についての国としてのいわゆる有権解釈権が最高裁判所にあることは論を俟たない」とおっしゃっています。しかし，長谷部さんがおっしゃったように，憲法裁判所が今の日本にはなく，最高裁は法令に関して抽象的な違憲立法審査権を持っていません。法令の憲法適合性に関して最高裁の判断が示される機会は必ずしも多くない状況で，とりわけ9条については最高裁は積極的な憲法判断をしてこなかった。そんな中で，内閣法制局が他の法令と比べて，より慎重かつ様々な角度から検討を重ねた上でやってきたのが，これまでの憲法解釈（有権解釈）であったと，阪田さんは指摘されています。

それを踏まえて，これまでの内閣法制局長官や首相が繰り返し説明してきたのが，「国会等における論議の積み重ねを経て確立され定着しているような解釈については，政府がこれを基本的に変更することは困難である」という答弁です。一方で，内閣法制局は補助機関にすぎないという法理論を突き詰めると，藤田教授ご自身がおっしゃっているように，「内閣がどのような法解釈をとるのかについての最終的な責任者は内閣総理大臣である私である」という趣旨の安倍首相の発言を正当化することになります。しかし，こうした考え方は，これまで長年にわたって議論し，積み重ね，確立されたルールを，法的な形式論理で崩しかねないという危うさがあるのではないでしょうか。

しかも，憲法学者の多くは，政府の憲法解釈の変更は一切許されないと言っているわけではありません。集団的自衛権の行使容認に関して，政府がこれまで黒だと言っていたのに白にするのがおかしい，つまり解釈が変更できる限界を超えるということを問題にしているように思います。公理自体がわかりづらかったのですが，藤田論文はそのことをどこまで理解されているのか，という感想を持ちました。

長谷部　先ほど豊さんがご指摘になったように，山口繁・元最高裁長官が，以前の政府の解釈は，規範として骨肉化しているという指摘をされています。これも私の言葉遣いで言うと，以前の政府見解が「機能する憲法」として，政府諸機関の行動を枠付け，実際に制約している。それを，国民の多くも支持してきた。そういう点で憲法によって政治権力を拘束するという意味での憲法，機能する憲法になっているということを指摘しておられるのではないかと思うのです。

藤田論文が指摘する公理１～３ですが，公理という言い方自体が，どうも大前提であって疑ってはいけないことを含意しているかのようです。実際には，これらの「公理」の根拠は一体何なのかは十分問題にできるものです。そういう目で見てみると，公理１と公理３というのは，果たして両立しているかどうかも疑わしい。本当に唯一正しい，客観的な法解釈が現にあるのだとしたら，実は有権解釈機関などというのは存在する必要もないはずです。なぜ有権解釈機関が必要なのかという問いを立ててみると，唯一正しい解釈などというものが本当にあるのだろうか。実際に有権解釈機関としての役割を最高裁が果たしていないとすると他の機関，例えば内閣法制局がその代わりの役割を果たさざるをえないのではないかという疑問も，次々に湧いてくると思います。

豊　内閣法制局に関してですが，私は司法記者として2000年頃には最高裁を担当していました。裁判官に「違憲判断が日本ではどうしてこんなに少ないのですか」とよく尋ねたものですが，多くの裁判官から返ってくる答えは，「日本には内閣法制局があり，立法段階でギリギリまで検討を重ねるので，違憲の立法が横行しない事情があります」というものでした。山口繁さんも先にお話ししましたインタビューで，「『米国やドイツでは最高裁が違憲審査や判断を積極的にするのに，日本は全然やらない』とよく批判されるが，それは内閣法制局が事前に法案の内容を徹底的に検討し，すぐに違憲と分かるような立法はされてこなかったからです」と語っていました。そこまで内閣法制局を持ち上げる最高裁については，もうちょっとしっかりしてもいいのではないかという気もするのですけれども，逆に，日本の違憲審査制の中での，内閣法制局が果たしてきた役割の大きさを示しているのではないかという気がします。

青井　従来，内閣法制局が務めてきた役割ということで，これは先ほどと重複するかもしれないのですけれども，私も実際に自衛隊とか防衛省を動かしている法として機能してきた意味においては，「機能する憲法」として十分に役割を果たしてきたと思いながらも，やはり内閣法制局が務めてきた日本の憲法秩序の中での役割というものを，そのまま丸々正当化することには非常に大きな抵抗があるということを，もう一度申し上げておきます。

本当に機能しうるものだったのかということがやや疑問であるということは，特にPKO等の海外での活動からも相当明らかなのではないか。PKO法[5]（国際平和協力法）だけでなく，海外で自衛隊が任務を展開するという法全般の「つくり」についてそう言えるのですが，法に則って行えば，任務の遂行は憲法の禁じる武力の行使を行ったと「評価されることはない」という，技巧的なものです。実際にある事実が武力の行使に当たるかどうかは問われない作りなのです。業務を行うに当たっては，PKO参加5原則が満たされており，かつ「派遣先国及び紛争当事国の受入れ同意が……安定的に維持されると認められる必要がある。すなわち「国家又は国家に準ずる組織が敵対するものとして登場してこないこと」が前提であると。したがって，業務を行いうると判断されたならば，武器使用をしても，理論上，憲法が禁じる武力行使に当たると評価されることはない——というものです[6]。要は，違憲にはなりようがない「箱」を作ることが内閣法制局の仕事ですから，と言わんばかりです。20年前のPKOならばともかく，今日の積極的PKOには適さない。理屈の上だけの話であり，自衛隊員や現地で活動するNGO（非政府組織）に対して無責任な議論なのではないか。これまで亡くなる人がいなかったのは，奇跡です。

それやこれや本当に「機能する憲法」たりえてきたかどうか。無理に無理を重ねて理屈を広げていった部分——先に触れた2つ目の議論の筋のほうですが，そういう部分については，私は相当に怪しいものだったと思います。そういうことをしながら政府の行為を正当化してしまったという意味で，「権力の侍女」というような役割も相当に果たしてきているのだろうと思います。

ただ，繰り返しになりますが，コアにある論理は守ってきたという意味では，「機能する憲法」を支える非常に強い機関であったことは間違いないと思います。

5) 正式名称は「国際連合平和維持活動等に対する協力に関する法律」（平成4年法律第79号）。PKO参加5原則も同法中に反映されているとされるが，今般の安保関連法成立に伴い，自衛隊の業務と武器使用権限を大きく拡大する内容に改正されている。

6) 第189回国会・参議院平和安全法制特別委員会（2015年8月25日）における安倍首相の答弁。

長谷部　「機能する憲法」の2つの意味合いと言いますか，2つの側面をご指摘になったのだと思います。政府諸機関の行動を枠付ける，現に制約するという意味では，私は内閣法制局の有権解釈は，機能してきたと考えます。その「機能する憲法」が，実際にどういう効果，現実の帰結を生み出してきたのか，現実に生み出してきた結果が，9条の指し示す理念に本当に忠実なものであったのかという点においては，いろいろな疑問が提起されうるものであるということは，私も否定するものではありません。

Ⅲ．今回の解釈変更がもたらしたもの

1．内閣法制局の権威失墜

長谷部　7・1閣議決定による9条の解釈変更と，その後の安保関連法案の提出およびその法制としての成立は，内閣法制局長官の人事を梃子にして，内閣法制局に解釈を変えさせたという見方をしてもおかしくないところがあると思います。その結果として，人によっては「今は亡き内閣法制局」とおっしゃる方もおいでで，ずいぶん内閣法制局の権威が失墜してしまったのではないか。このことは今後，内閣法制局が提供する様々な解釈が，実質的な意味での憲法として機能しうるのか，その点について大きな問題を提起するように思います。

青井　内閣法制局の，そもそもの源流は，実質的には明治の初期からあるようですけれども，大日本帝国憲法よりもさらに以前から，直接の起源は内閣制度ができたときからあって，官僚組織の内部でも，また，国会や内閣に対しても非常に高い権威を示してきたのです。それはやはり理屈を通すということに力の源泉があったはずですので，大きく権威を失墜させるようなことが起こってしまうと，同じような力を維持できるかは，不透明となります。人によっては「意見事務と審査事務では，審査事務のほうが多いのだし，今までとあまり変わらないのではないか」と言う人もおられますけれども，私はそう簡単な話ではなかろうと思っています。

権威が陰ったから，どういう効果が生まれるかということは，事前にわかるものではない。しかし，もはや「内閣法制局が言っているから」ということでは引き下がらなくなった人が増えたのではないかとも思われますので，日本がこれからどうやって法を安定させていくのかというのは，知恵を絞らなくてはいけない時期に来てしまったというように理解しています。

豊　今，青井さんがおっしゃったように，内閣法制局が法的な専門性というものを根拠に，内閣の中で比較的自立して安定的な運営を行い，権威を持って意見を述べてきたという長い歴史と伝統があります。それを根底から覆した，潰してしまったということですから，失った信頼の大きさというのは計り知れないのではないかと思います。

『内閣法制局史』（内閣法制局史編集委員会編，内閣法制局，1974 年）にある，元法制局長官の佐藤達夫さんの言葉を借りれば，「法治主義の墓場への道」ではないかと思います。佐藤さんが当時，どんなことを『内閣法制局史』の中で述べられたか，少し読んでみます。

「法制局の意見とちがった解釈が閣議で決められることも観念上はあり得るでしょう。（中略）。法制局の意見が，政治論から超越した純理論に立つものである限り，法制局としては内閣に対する説得に全力をつくすとともに，内閣もそれを尊重するということであるべきはずですが，不幸にしてそうならなかった場合にですね……，そのときは，仕方がないから法制局職員は，辞表をたたきつけるか，それでなければ，一応は『内閣としてはこうだ。』と内閣の意見を代弁する外はないでしょう。（中略）しかし，何といっても法制局の専門家の判断というものが，内閣から一顧もされないということになったら，法制局制度としてはすでに墓場への道に追いやられたことになるでしょう。そして，それは大げさに言えば，法治主義の墓場への道にもつながるわけですよ」（同書 299 頁）

7・1 閣議決定に踏み切るに当たり，安倍政権は内閣法制局長官の首をすげ替えましたが，他方で，辞表をたたき付けた人はいませんでした。内閣法制局は，安倍政権に屈服させられたということかと思います。まさに佐藤さんの言う「法治主義の墓場への道」につながる行為でしょう。

2. 最高裁の役割と人事

長谷部 内閣法制局の権威が低下して，もはや今までのような役割を十分に果たすことができなくなるとすると，今後はそれこそ最終的な有権解釈機関としての最高裁の役割が，前面に出てこざるをえないのではないか。そうなったときの１つの問題点が，統治行為論です。つまり，高度に政治的な問題について，最高裁を含めた裁判所は，独自には判断せず，政治部門の結論を丸呑みにしなくてはいけないという議論です。

先例によると衆議院の解散でさえそうですから，仮に緊急事態法制というものが憲法の中に組み込まれるといたしますと，衆議院解散などよりも，はるかに高度に政治的な判断を前提にしていることになるはずで，裁判的なコントロールは全く効かなくなりかねない。しかも，統治行為論を，仮に判例変更によって最高裁が放棄したとしても，そのときにはもう内閣法制局と同様に，最高裁の裁判官の人事が政府によって左右されるのではないかという心配も逆に出てくるところです。こういった大きな問題点について，青井さんはどういう見方をしていらっしゃいますか。

青井 法秩序の安定化機能を内閣法制局が果たしてきていたとして，それが同じような形ではできなくなったとします。また，2015年夏の国会を見れば，国会議員が自覚的に，「議院の自律」について考えているとは思えません。自分たちが，国権の最高機関たる国会を構成しているのだという意識に欠けるのではないかとも見えます。議院は，内閣の下請け機関のようでもありました。かくなる上は，最高裁が統治全体のスタビライザー的な役割を，もっと引き受けていかざるをえない。統治のあり方全体に関わる議論の中で，やはり立て直していく必要があると思っています。

先ほど豊さんがおっしゃったように，今までは内閣法制局があるから違憲審査をきちんとしなくても良かったり，立法府できちんと立法事実を顕出してその立法が本当に必要かどうか議論しなくても済んだというところがあります。内閣法制局自身，自分たちが論理的な問題として「正しい唯一の解釈」を示しているのだということを，何度も述べてきていますが，日本の政治の中では，その「正しさ」がすごく重い意味を持っていたのだろうと思うのです。内閣法制局が正しいと言っているから，内閣はそれを尊重し，国会でもその正しさを前提として，最高裁でも正しさを前提とする，そういう形で暗黙のうちに思われているとするならば，この正しさが揺れている以上，全ての機関，日本国憲法の下においては国会・内閣・最高裁をはじめとする裁判所の中で正しいことを担保していく仕組みを，今までのあり方とはまた別のやり方で考えていかなくてはいけないだろうと。

そうだとするならば，政治と一歩離れたところで領分を作ってきた最高裁の責務は大きくなるはずだ，と，少なくとも一研究者の立場からは言っていきたいと思っております。また，最高裁に加わる政治的な圧力は，きっとこれまで以上に大きくなりますが，それに負けずに，権力コントロールの役目を正面から引き受けるよう最高裁が進路変更するかどうかは，やはり国民がそれを支えるかどうかにも関わってきています。こういうように統治の仕組みがバランスを崩してしまっている以上は，もう一度新たに安定的な秩序を私たちのものとして，私たちの手で政治をつくり直していく，その立て直していく一環として最高裁に然るべき役割を果たしてもらいましょうということを市民が言っていかなくてはいけないだろうと思っております。

長谷部　最高裁をずっと観察してこられた豊さんはいかがですか。

豊　最高裁が進むべき道は２つあるかと思います。まず，青井さんがおっしゃったように，きちんと憲法判断をして，時の政権と緊張関係があっても，ある領域に関しては違憲判断を示すという方向です。もう１つは，これまでどおりの最高裁のままでいく道です。

前者の道を選べば，内閣法制局が権威を失った今，憲法の番人，最高法規の最終的判断権者として，国民の信頼を勝ち取ることができる可能性があるのではないかと思います。これまで三権の中で長く存在感が薄く，そればかりか，砂川事件をめぐっては，当時の田中耕太郎最高裁長官が米国の公使らと非公式に接触して，判決を作る過程で米国の圧力が働いたのではないかという，司法の独立や正当性が疑われるような事態もありました。そういう中で前者の選択をとれば，司法の権威を高めることにつながるでしょう。しかし，後者の選択をした場合は，内閣法制局と同様に内閣の補完機関になってしまいかねない。権力の抑制・均衡が機能せず，ますます日本国憲法の下での統治構造というものが危機に陥ってしまうと思います。

ただし，前者の選択をした場合，厄介な問題が起きてくるでしょう。最高裁が違憲判断に積極的になった場合に，政治が裁判官人事に介入する危うさがあります。安倍政権は，日銀トップの人事に介入したり，内閣法制局長官の首をすげ替えたりしました。こうした考えを持つ政権が続けば，例えば，憲法解釈をめぐり，政治部門と司法部門が対決する形となったとき，恐らく政権による裁判官人事への介入が始まるのではないかと思います。最高裁を取材していた当時，裁判官からしばしば，「判断が政治化すると任用が政治化する」ということを聞かされました。政治介入の危うさは裁判官が自覚していて，実はそのことが日本の違憲審査を抑制的にしている遠因ではないかという気がしていました。政権交代があればいいのですが，今のような政治状況が続くと，政権に都合のいい裁判官を送り込むことで，おかしな状況が生まれかねないと思います。

他方で後者の，これまでと同じスタンスでいくという選択をした場合は，人事面での独立や自立というのは保たれるのかもしれないのですけれども，違憲審査のあり方としてあるべき最高裁の姿とはほど遠い，弱い「憲法の番人」のままでいることになってしまいます。いずれにせよ，茨の道です。しかし，そこは先ほど青井さんがおっしゃったように，今度はわれわれがそこをきちんと見ていくしかないと思います。安保関連法もそうですけれども，おかしいときは私たち市民１人ひとりが声を出して，おかしな政権は変えていく，裁判所を支えていくということが必要ではないでしょうか。最高裁を「憲法の番人」としてしっかりしたものにしていくには，主権者である私たち１人ひとりの判断が問われていると思います。

長谷部　そういう形で政府が最高裁の人事に介入する，その蛇口を閉めるための制度的な工夫については，いろいろなことが考えられると思うのですが，青井さんは，具体的なアイデアはお持ちですか。

青井　現時点で首相官邸が出しているペーパーの中にも，こういうものがあるようです。少し前のものですが 2002 年７月５日の司法制度改革推進本部顧問会議で出された「最高裁裁判官の任命について」には，次のように示されています。

◯最高裁裁判官の任命は，最高裁長官の意見を聞いたうえで，内閣として閣議決定する。

◯最高裁長官に意見を聞くのは，最高裁の運営の実情を踏まえたものとなるよう人事の万全を期すため慣例として行っている。

◯最高裁長官の意見は，一般的には，出身分野，候補者複数名と最適任候補者に関するものである。

◯候補者については，（ア）主として裁判官，弁護士，検察官の場合は，最高裁長官から複数候補者について提示を受け，（イ）行政，外交を含む学識経験者については，原則内閣官房で候補者を選考し，いずれの場合も内閣総理大臣の判断を仰いだうえで閣議決定する。

◯その際，最高裁裁判官は国民審査をうける重い地位であることに鑑み，極力客観的かつ公正な見地から人選している。

◯現在の最高裁裁判官の出身分野は，最高裁の使命，扱っている事件の内容などを総合的に勘案した結果のもの。

◯以上について，内定後官房長官記者会見で，可能な範囲で選考過程，選考理由を明らかにする。

なお，候補者を含め具体的な人選の過程は公表しない。

これを「慣例」を超えてもっと強い規範にしていくことが，まず必要と思います。明文の形として，どういう形が適当かというのは難しいですけれども，内閣が自ら縛られると思うような形の規範にしていく必要があろうかと思います。また，官房長官が記者会見で「可能な範囲で選考過程，選考理由を明らかにする」と言っているわけですけれども，その透明度を高め，その過程で考慮すべきことを考慮しているか，考慮すべきでないことを考慮していないかどうか，国民が判断できるように明らかにすることが，まず現実的にできる道として１つあるのかと思っております。

ただ，中長期的に考えると，やはり国会が関わらないというのは，仮にこれから緊急事態条項を入れるとすると，それは憲法全体の構造からしても弱くなりすぎると思います。また，もし憲法を改正して緊急事態条項を入れるということであれば，当然のことながら最高裁判所の緊急事態における憲法判断についての規定と，最高裁の人事が政治介入をされないための規定は，絶対に必要と考えております。

長谷部　上級裁判所裁判官の人事については，今年の２月に，世界各国の憲法研究者や裁判官のグループが「ケープタウン原則（Cape Town Principles）」[7)]を公表しています。党派政治からの独立性を担保され，司法部門のほか社会各界の代表で構成される委員会が，委員各個人の判断に基づいて裁判官の指名に関与すべきことを提言しています。参考にしてしかるべきでしょう。

7）司法の独立，公正および有効性等を確保するために必要となる，裁判官の選抜と任命に関する諸原則を述べる。政治部門の支配から独立し，司法部に加えて社会の多様な要素を代表するメンバーで構成される独立委員会が，公正・透明な手続により裁判官を選抜・指名すべきことを提案する。南アフリカのヒュー・コーダー教授，イギリスのジェフリー・ジョウエルQC，ヘイゼル・ゲンQC，ケニアのヤッシュ・ガイ教授等，各国の実務家，研究者のグループによって策定され，2016年２月に公表された。

3. 砂川判決について

青井　砂川判決（最大判昭和34・12・16刑集13巻13号3225頁）と統治行為論についてよろしいでしょうか。「統治行為論をとっている」という言い方が，政治の場面でもよくされますけれども，本当に統治行為論がとられているかは不明であるということは，やはり広く知られておかなくてはいけないと思っています。「統治行為については裁判所が判断してはいけない」と，日本国憲法のどこかに書いてあるわけでもなく，砂川判決の場合，純粋な統治行為論ではなく，実体判断をしているわけです。「変則的統治行為論」というような言い方もされています。

そういう意味でも現実的に統治行為という形で，裁判所のコントロールから免れる領域がどこまで大きいものとしてあるかというと，実はあまりないのです。苫米地判決[8)]では純粋な統治行為論をとったと言われますが，そういうタイプは，あれ以来ずっとないのです。その後の判例で砂川判決はリファーされることはあっても，９条関係の事件に限られていて，それを超えては見られない事態である以上，「統治行為論」という言葉が持ってしまう魔力と言いますか，力を過剰に受け取ってしまってはならないと思います。ですから必ずしも統治行為論というものが，かつての学説が言っているような形では通用していないし，判例の中でもそういう展開はしていない。政府はそういうものを引き合いに出して裁判所が判断するような問題ではないと説明したりしますが，そういう理由付けがいかに説得力のないことかということは，改めて確認する必要があるかと思います。

8) 第3次吉田内閣が1952年8月28日に行なった衆議院解散について，当時衆議院議員であった苫米地義三が，この解散は憲法7条に基づいたもので，しかも，内閣の助言と承認が適法になされていないことから違憲であると主張し，任期満了までの歳費の支払を請求した。最高裁は，衆議院の解散は，「極めて政治性の高い国家統治の基本に関する行為」であって，「その法律上の有効無効を審査することは，司法裁判所の権限の外」にあるとし，解散が有効であるとの政府の見解を否定することはできないとして，請求を棄却した原審判決に対する上告を棄却した（最大判昭和35・6・8民集14巻7号1206頁）。

長谷部　砂川判決はご指摘のとおりで，米軍の駐留が9条に反するかどうかが問題とされています。あの判決文の言い回しですと，日米安保条約は憲法の「趣旨に適合こそすれ」と言っていますよね。だからこそ違憲無効であることが「一見極めて明白であるとは，到底認められない」と結論付けているので，むしろ合憲だという実体判断をしていると見るのが，適切ではないかと思います。

これに関連して，2015年6月11日の第4回衆議院憲法審査会での高村正彦氏の発言について，青井さんから何かコメントはありますか。

青井　長谷部さんをはじめ，いろいろな方からの批判を受けて引っ込めたかと思いきや，全く引っ込められていないのが，私にとっては不思議でならないところです。砂川判決が理由付けになるというのは。

長谷部　集団的自衛権の根拠にですね。

青井　砂川判決で集団的自衛権を正当化するというのは，もう全く説明が付かない。砂川判決において，そういう判示はされていない。むしろ防衛力が不足してしまうということを正面から認めている。9条のお陰で防衛力が損なわれて不足しているから，それをほかの国に頼むのはおかしいことではないという説明なのです。また，その当時は旧日米安保条約ですので，日本が負うのは，占領下に引き続いての基地の提供義務でした。それが前提ですから，他国防衛という意味での集団的自衛権は，そもそも出てくる余地がないのです。ですから高村的議論というのは，理屈としては非常に弱いものです。

豊　質問させていただいてもよろしいでしょうか。安保関連法をめぐる違憲訴訟で，最高裁が違憲審査をする場合，9条の規範，すなわち9条が集団的自衛権を認めているか認めていないかというど真ん中の話が問われていると思います。安保関連法をめぐる議論が白熱していた最中のことですが，自民党の国会議員が街頭などで，「(9条が集団的自衛権の行使を容認しているかどうかは）極めて高度に政治的な判断なので，最高裁は統治行為論で判断しません。ですからわれわれ政治家が判断するのです」という趣旨の発言を聴衆に向かってしていました。安保関連法の違憲性が争われて，いずれ最高裁で判断することになっても，統治行為論で判断を回避するわけだから，最後はわれわれが決める——そういうふうに政治家の発言を理解したのですが，私は疑問です。むしろ，9条をどう解釈するかというど真ん中の話なので，統治行為論が採用される余地はないのではないかと素人としては考えるのですが，いかがでしょうか。

長谷部　これは青井さんもおっしゃったことだけれども，砂川判決の読み方も微妙である上に，そもそも60年近く前の1個の判例が，いまだに先例としての価値をどれだけ持っているのかという問題もあります。さらに統治行為論を採用するかどうかは，それこそ最終的有権解釈権者である最高裁が決めることで，「あらかじめそうなるはずだ」とほかの人が云々しても，あまり意味のない話だと思います。

青井　統治行為論が採用されるかどうかは，それこそ最高裁が決めることですけれども，最高裁が自分の任務と考えている領分が，客観的な法秩序の維持に少し傾いてきていることは，強く感ずるところでもあります。最近だと，100日を超える再婚禁止期間を定める民法の規定について違憲と判断しながら，国家賠償法上の違法性は認めないとしました9)。これまでだと国家賠償法上違法でないと言うならば，違憲という判断はあえて示さないのが一般的でした。

結局のところなされたことは，実質的な違憲確認訴訟であると言えます。そういう違憲確認ということを引き受けるのは，議員定数不均衡問題10)(一人一票の原則）がこれだけ裁判的に統制されるようになっていることを考えるなら，ある意味で当然の帰結だとは思うのです。裁判所は裁判所なりに，統治機構の１つとして，自分が引き受ける任務を広げてきているのだろうと。統治行為論のように，高度の政治性を理由に裁判所の任務から外すなら，憲法の重大事項になればなるほど統制を免れることになると，かねてより言われてきたとおりです。国民審査を受ける最高裁の裁判官はとりわけ，社会的にも政治的にも重要な問題について，憲法81条の下で憲法適合性判断を示さなくてはならない場合もある。それが憲法の定める職責でもあると言えます。裁判所は，そういった任務を，より正面から受け止め始めているのかもしれないというように，善意に解釈したいと思っております。

9) 民法733条1項の規定（離婚した女性は6カ月間再婚できない）は違憲であるとして岡山県在住の女性が国に損害賠償を求めた訴訟において，最高裁大法廷は2015年12月16日，この規定の再婚禁止期間の100日を超える部分は違憲であるとする判断を示した（国家賠償法上の違法性は否定）。政府はこの判断を受け，判決同日には同規定の改正に着手することを表明。「民法の一部を改正する法律案」（閣法第49号）は今国会（第190回国会）での成立が確実視されている（2016年5月25日現在）。

10) 昭和51年以降，相当数の判例が積み重ねられてきたが，最近では，衆議院小選挙区（2014年12月14日施行）の選挙区割りに関する訴訟において，最高裁大法廷が2015年11月25日に示した判断を受け，翌月7日，第15回衆議院選挙制度に関する調査会において各会派からの意見聴取が行われた。同調査会は本年1月14日には答申を取りまとめ衆議院議長に提出している。

Ⅳ．日本の立憲主義の将来

長谷部　貴重なお話を伺ってまいりましたが，本日扱った問題は日本の立憲主義がこれからどうなっていくのか，それに大きな影響を与えかねない話です。その点の展望について，青井さんからお願いします。

青井　2015年の夏は国会前や全国各地のデモなどで，「憲法を守れ！」というようなコールがよく聞かれました。「民主主義って何だ！」「これだ！」ということとともに，「憲法を守れ」という言葉も，自然に湧き出たというような印象を持っております。国会前に，昼間に行くのと，夕方に行くのと，夜に行くのとでは，だいぶ顔ぶれが違っていて，まるで三交代制のシフトで守っているような感じもあったのですが，それだけ多くの市民たちが自発的に出かけて行って，「憲法を守れ！」と言ったわけです。

これまで「職場に憲法を」とか，「生活に憲法を」というようなスローガンを掲げざるをえなかった社会であった背景には，日本には上のほうから「立憲主義とは」「憲法とは」ということを，啓蒙主義的に言わなくてはいけない土壌や社会があったからだと思っています。そのことからすると，下のほうから「憲法を守れ！」という形で沸々と声が湧き上がってきたというのは，立憲主義が日本でどの程度受容されたかということを量る1つの目安になるかと思っています。国会議員に対して外から「憲法を守れ！」といった声が響いて，国会議員が外に出て来るようになった。どんなに憲法学者が言っても出て来ないのに，市民が言うと出て来る。憲法によって政治が行われなくてはいけない，権力が縛られなくてはいけないという理解が，これだけ広範に市民のレベルで持たれるようになったのは，明るい兆しだと思っています。

他方で国会が，目を覆いたくなるようなあまりにもひどい強行採決をするなど，政治を預かっている側が，立憲主義ということを自分たちの事柄としてはあまり理解していないと。自分たちの心の中にあって，越えてはいけない矩(のり)として，これを越えてはいけないものとして持っていないということも，またあらわになってしまいましたので，それは非常に暗く恐ろしいことだと思います。立憲・非立憲という軸で政治を見て，これはクーデターであるということを，東京大学の石川健治教授などもおっしゃっているわけですけれども，非立憲的なことが政治でこれだけ広範に行われているというのは恐ろしいことです。

ただ，いずれにせよ明るい面と暗い面と両方見ながら，政治を作っていくのは私たち市民であるので，私は明るい面をあえて強調したいと思っています。日本の立憲主義を実質的に，自分たちのものとして考え始めて，1歩2歩と歩き始めたところにある。私たちには，これからまっとうな政治を作り直していける力があると思っております。

長谷部　豊さん，いかがでしょうか。

豊　まず現状認識です。日本の民主主義や立憲主義は，かなり危機に瀕していると思います。昨年末に記事にしたのですが，日本が危機にあるという状況は，海外の憲法学者からも注目されています。例えば，「熟議の日」の提唱者として知られるエール大のブルース・アッカマン教授が松平徳仁・神奈川大学准教授と共同執筆した記事[11)]の中で，安倍政権の解釈の変更を「憲法クーデター」と批判していました。同僚記者が改めて本人に取材したところ，こんなことを言っていました。「安倍晋三首相の努力は，短期的には米国政府の支持を得た。だが，もし日本の憲法の原則を壊すことに成功するなら，長期的には，中国の独裁との間に違いを見いだせなくなり，米国世論からの支持を失う。米国にとって日本のリベラル民主主義への忠誠こそが，戦後日米関係の基礎だったからだ」[12)]という答えでした。海外からもそのように危機感をもって見られています。

そういう厳しい状況にはあるのですけれども，一方で今，青井さんがおっしゃったような動きが出ているというのが，希望だと思います。立憲主義に関しては，2000年から衆参両院に憲法調査会ができて，5年間，国会で議論が続きました。その頃，長谷部さんにもインタビューさせていただいて，「立憲主義」について紙面でも紹介しました。しかし，「立憲主義」という言葉が，一般になかなか広がらないのが当時の状況でした。国会での議論を聞いていても，憲法の名宛人はだれなのか，国民を縛るものか，権力を縛るものか，という初歩的なやりとりが行われていたような気がします。記事を書く際にも，「憲法は権力を縛り，市民の権利を守るもの」ということを意識して，繰り返し書いていました。

それが今ではどうでしょうか。憲法とは何なのか，立憲主義とは何か，ということを，高校生から議論している。高校生だけでなく，大学生，あるいは会社員，主婦というように，世代を超えて，一般の市民が，民主主義とは何かを考える機運が生まれています。まさに希望だと思います。立憲主義を破壊する政治を許していいのか，最高裁は「憲法の番人」として機能しているのか，政治と最高裁に緊張関係が生じたとき，私たちはどういう態度をとるべきか。そんなことを，1つひとつ議論を続け，市民レベルで考えていかなければいけないのではないかと考えています。

11) ブルース・アッカマン＝松平徳仁「不正直者・安倍　なぜ我々は憲法を変えようとする日本の首相について深刻になるべきなのか」（『Foreign Policy』Webサイ

ト2014年6月24日)。

12) 朝日新聞2015年12月18日付朝刊インタビュー。

長谷部　私がたまに言うことですが，憲法や立憲主義のことを日々考えなくてはいけない国民は，不幸な国民です。そういうことを考えないで済む，各自の日々の暮らしのことを考えているだけで済んでいるというのが，むしろ幸せな国民のはずです。そういう意味で，立憲主義を守らなくてはいけないと多くの人たちが真剣に考えるようになっているというのは，まさに立憲主義が危機にあるからなのであって，日本がそういう状況にあることは，不幸なことではあります。ただ，この事態が日本の民主主義や政治のあり方を鍛え直すことにつながるのであれば，非常に意味がある，むしろ意味のあることにしなくてはならないだろうと考えております。本日は貴重なお話をありがとうございました。

(2016年2月19日収録)

安保関連法制を改めて論ずる

長谷部恭男

安保関連法制は，2015 年 9 月 19 日未明に参議院本会議で採決され，成立した。以下では，憲法上の論点を中心として，その問題点を検討し，将来を展望する。

はじめに

筆者が参考人として出席した 2015 年 6 月 4 日の衆議院憲法審査会でたまたま安保法案の合憲性に関する質問が提起され，3 名の憲法学者がいずれも違憲であるとの見解を示したことから，思ってもみなかった政治の流れの変化が起こった。とはいえ，われわれの発言は単なるきっかけであって，こうした大きな流れが起こったのは，それまでに国民の間で，法案や閣議決定に対する疑念・疑問が大きく膨らんでいたからであろう。

その後，多くの憲法学者や元内閣法制局長官，元最高裁長官等が安保法案は違憲である旨の指摘を行った。これも驚くべきことである。憲法 9 条について専門に研究し，成果を公表している人は，憲法学者の中ではごく少数である。多くの憲法学者は，たとえば基本権の実効的な実現の方策や国政に民意を効果的に反映するにはどのように制度設計すべきかといった問題を扱っている。ところが，そうした普段は 9 条について自説を示すことの稀な憲法学者が大挙して安保法案は違憲であるとの見解を明らかにした。また，元内閣法制局長官や元最高裁長官といった人たちは，普通は黙っておとなしくしている人たちである。そうした人たちが声を上げたこと自体，今回の安保関連法が提起した問題の深刻さを浮き彫りにしていると言える。

これに対する政府・与党の対応はきわめて興味深いもので，正面から反論をしようとしないことが大きな特徴であった。政府から 2015 年 6 月 9 日に出された「新三要件の従前の憲法解釈との論理的整合性等について」という文書は，単に2014年7月1日の，当初の閣議決定の内容を繰り返しただけのものであった。それに加えて政府・与党から出てきたのは，学者は条文の字面にこだわるだけとか，自衛隊がそもそも違憲だと言っていた学者もたくさんいるとか，元長官と言っても今は一私人にすぎない，というもので，要するにあの人たちの言うことは，いくら説得力のある議論であっても，聞かなかったことにして下さい――という話である。反論をしようと思ってもできないので，この問題を議論すること自体やめてほしいということであろう。

政府・与党の対応は，権威と学識を備えた人々によって長年にわたって紡ぎ出されてきた学理を無視するものであると同時に，立憲主義を正面から否定しようとするものである。立憲主義ということばもさまざまな意味で用いられるが，ここで問題となるのは，憲法によって政治権力を拘束するという最低限の意味における立憲主義である。時の政権が，その政策的判断で憲法の意味内容を変更できるということになれば，この最低限の意味の立憲主義が崩壊する[1)]。安倍政権が憲法9条についてやろうとしていることは，それである。安倍政権はその一方で，徴兵制は憲法18条に違反する。だから絶対導入することはないなどと主張しているが，時の政権の選好で憲法解釈を変更できるという先例を自分たち自身で開いてしまった以上，そんな主張に説得力はない。自分たちのやったことの意味が分かっていないわけである。

政府が憲法の解釈を変更したことは，過去にもあるではないかと言われることがある。たとえば，靖国神社公式参拝の是非について，解釈が変更されたと言われる。しかし，この点については，それまで公式参拝が合憲か違憲か，判断が微妙だというのが政府の立場であった。よく分からないのでやめておこうということだったわけだが，閣僚の靖国神社参拝問題に関する懇談会（靖国懇）の答申（1985年）を受けて，一定の条件の下では合憲的に行い得るという立場を示した。黒か白か微妙だが，この条件の下なら白だという理屈である[2)]。これに対して，集団的自衛権行使容認のように，これまで真っ黒だと言われていたものが，条件を付ければ白になるということはおよそ考えにくい。

1） この指摘の，より正確な意味については，後述Ⅱ参照。

2） 阪田雅裕編著『政府の憲法解釈』（有斐閣，2013年）285頁以下参照。

また，憲法66条2項に言う「文民」に自衛官が当たるかという問題については，当初は当たるという見解であったのが，1965年に自衛官は「文民」に当たらない，したがって国務大臣となることはできないという見解に変更されている[3)]。これは，武力組織の特殊利益によって民主的政治過程が不当に歪められることがないようにすべきだという原理・原則自体に変わりはなく，ただ自衛隊が武力組織としての実体を備えるようになったという事情の変更があったために，結論が変化したというものである。原理・原則自体は変わることはなく，論理の筋道は十分に通っているし，結論の内容も明確である。問題は，同じことが，今回の政府による9条の解釈変更についても言い得るかである。結論から言うと，そうは言えない。

I．集団的自衛権行使容認の違憲性

集団的自衛権の行使を容認した2014年7月1日の閣議決定（以下「7・1閣議決定」という）は，合憲性を基礎づけようとするその論理において破綻しており，自衛隊の活動範囲についての法的安定性を大きく揺るがすものであるのみならず，日本の安全保障に貢献するか否かもきわめて疑わしい。7・1閣議決定の内容は，2015年5月に国会に提出され，同年9月に成立した安保関連法の核心部分として具体化されている。

憲法9条の下で武力行使が許されるのは，個別的自衛権の行使，すなわち日本に対する急迫不正の侵害があり，これを排除するために他に適当な手段がない場合に行使される，必要最小限度のやむを得ない措置に限られる，との政府の憲法解釈は，1954年の自衛隊創設以来，変わることなく維持されてきた。裏返して言えば，集団的自衛権の行使は典型的な違憲行為であり，憲法9条の改正なくしてはあり得ないことも，繰り返し政府によって表明されてきた。

こうした解釈については，条文上の手掛かりに欠けているとの批判がなされることがある。しかし，国民の生命・財産の保全はいかなる国家であろう

---

3)　阪田・前掲注2)162頁は，「これまでに政府が憲法解釈を変更した唯一の例」とする。

とも，最低限果たすべき普遍的な役割であり，国外からの急迫不正の侵害に対して実力の行使なくして対処することは不可能であることからすれば，個別的自衛権の行使が憲法９条の下においても認められるとの結論は，良識にかなうものであると考えられる。逆に言えば，それを否定することは，絶対平和主義という特定の価値観を人の正しい生き方として全国民に押しつけることになり，多様な価値観の公平な共存を実現しようとする近代立憲主義の根本理念そのものと衝突する疑いがある（この点については，Ⅱで改めて説明する）。

また，こうした解釈には先例がないわけではない。アメリカ合衆国憲法は条文上，軍事行動の開始について連邦議会の承認を要求しているが（1篇8節11項），憲法制定議会においても大統領がto repel sudden attacksつまり急迫不正の侵害に対処する権限を持つことは疑われていなかった[4)]。ここでも，憲法を通じて政府による軍事力の行使に歯止めをかけるべき必要性と，外敵の攻撃という緊急事態に対処すべき必要性とのバランスをいかにとるかが問題とされた。

ところで，政府は従来，自衛隊の活動範囲に関して，解釈改憲を通じて拡大を図ってきたと言われることがあるが，これは誤解である。個別的自衛権の行使は合憲だが，集団的自衛権の行使は違憲であるという政府の有権解釈は一貫している[5)]。個別の法律の制定や法改正を通じて自衛隊の活動範囲が次第に拡大してきているのは，憲法９条が存在する以上，自衛隊の活動範囲はゼロが出発点とならざるを得ないことの当然の帰結である。ゼロを出発点とする以上，自衛隊の活動範囲を定めるには，１つひとつ，法律で加えていくというポジティブ・リスト方式をとらざるを得ない。しかし，憲法により設定された外側の枠は変わっていない。その内側で１つひとつ権限や活動範囲を法律で定め，増やしてきたというだけである。

7・1閣議決定は，政府の憲法解釈には「論理的整合性」と「法的安定性」

4）‘declare war’が，いわゆる宣戦布告に限らず，本格的軍事行動の開始を広く指すと考えられていること，また，合衆国憲法制定議会において，大統領が急迫不正の侵害に対処する権限を当然有すると考えられていたことについては，Yasuo Hasebe, ‘War Powers’, in *The Oxford Handbook of Comparative Constitutional Law*, eds. Michel Rosenfeld and András Sajó (2012), pp. 468-71 参照。

が要求されるとし,「論理的整合性」を保つには,従来の政府見解の「基本的な論理の枠内」にあることが求められるとする。そして,「我が国と密接な関係にある他国に対する武力攻撃が発生し,これにより我が国の存立が脅かされ,国民の生命,自由及び幸福追求の権利が根底から覆される明白な危険」がある場合には,当該他国を防衛するための集団的自衛権の行使も許容されるとしている。そして,この文言は,今回の安保関連法においても,自衛隊法76条1項に,内閣総理大臣が自衛隊に防衛出動を命じることができる場合として,新たに付け加えられている(2号)。

これは,個別的自衛権の行使のみが憲法上,認められるとの従来の政府見解の論拠に基づいて,集団的自衛権の行使が限定的に認められるかのように見せかけようとするものである。しかし,自国を防衛するための個別的自衛権と,他国を防衛するための集団的自衛権とは,全く本質を異にしており,前者のみが許されるとするその論拠が,後者の行使を容認するための論拠となるはずがない。これは大森政輔氏や宮﨑礼壹氏など,歴代の内閣法制局長官が指摘する通りである[6)]。

私なりの説明を加えると,「我が国の存立が脅かされ,国民の生命,自由及び幸福追求の権利が根底から覆される明白な危険」という要件は,実は,個別的自衛権発動の要件としても,消極的に過ぎるものである。たとえば尖閣諸島が外国に侵攻され,占拠されたとして,我が国の存立は脅かされるで

---

5) 自衛隊創設以前において,とくに憲法制定直後においては,政府は個別的自衛権の行使さえ想定していなかったと言われることがあるが,これも誤解である。当時の内閣法制局のメンバーによって執筆され,憲法公布と同時に刊行された『新憲法の解説』は,その第2章「戦争の放棄」で,「本規定〔憲法9条〕によりわが国は自衛権を放棄する結果になりはしないか」との懸念が制憲議会で提起されたことを指摘した上で,「日本が国際連合に加入する場合を考えるならば,国際連合憲章第51条には,明らかに自衛権を認めている」と述べ,この懸念が当たらないとしている(高見勝利編『あたらしい憲法のはなし 他二篇』〔岩波現代文庫,2013年〕103頁)。この指摘をもって,当時から集団的自衛権の行使が想定されていたとするのは常識的に考えて読み込み過ぎであろうが,「自己防衛」の手段としての個別的自衛権の行使の可能性が想定されていたことをうかがわせるに足るものではある。

6) 大森政輔＝長谷部恭男「〈対談〉安保法案が含む憲法上の諸論点」長谷部恭男編『検証・安保法案——どこが憲法違反か』(有斐閣,2015年)35頁以下,および宮﨑礼壹「『切れ目なき安保法制』法案の憲法上の問題点」法学教室420号(2015年)40頁以下参照。

あろうか。竹島や北方領土は，他国によって不法に占拠されているはずであるが，その結果，国民の生命，自由及び幸福追求の権利は根底から覆されているだろうか。この通り，個別的自衛権行使の要件としても，消極的に過ぎるものを根拠として，なぜ集団的自衛権が行使できるのか。首を傾げざるを得ない。

「法的安定性」については，7・1閣議決定は，何ら語るところがない。しかし，ホルムズ海峡での機雷掃海活動が許容されるか否かについて，連立を組む与党の党首の間で見解が異なっていることを見れば，集団的自衛権の行使に対して明確な「限定」が存在しないことは明らかである。「我が国の存立が脅かされ，国民の生命，自由及び幸福追求の権利が根底から覆される明白な危険」という，いかにも限定的であるかに見える法の文言と地球の裏側まで自衛隊を派遣しようとする政府の意図との間に，常人の理解を超えた異様な乖離があり，この文言が持つはずの限定的な役割が否定されていると言わざるを得ない。機雷掃海活動を超える武力の行使についても，時の政権によって必要だと総合的に判断されるならば，行使されないという法的論拠はない。安倍首相は「あれはしない，これもしない」としばしば断言するが，それは彼が今現在そのつもりでいる，というだけであり，彼が考えを変えればそれまで，という空虚な言明である。政府の行動に対する歯止めは，存在しない。

したがって，いかにも限定的に見える上記文言も，武力の行使を限定する役割を果たすことはない。そうだとすれば，解釈変更後の武力行使の範囲が，従前の政府見解の基本的な論理の枠内に入っているはずもない。

これに対して，上記文言は，7・1閣議決定が，それまで個別的自衛権の行使とされてきた場面の一部を集団的自衛権の行使として整理し直したにとどまるもので，「他国防衛」ではなく，「自国防衛」のみに武力を行使する点では変わりはないという主張がなされることもある。

こうした主張を額面通りに受け取り得ないことは，ここまで述べてきた通りである。まず，本当に「自国防衛」のみのためにしか行使しないのだとしても，他国が攻撃を受けた場合にそれに対応するために武力を行使することに違いはない。とすると，我が国への武力攻撃の着手がないにもかかわらず，敵に攻撃を加えることになり，典型的な先制攻撃になる。そんなことは許されるはずがないし，当然，従来の個別的自衛権行使の枠内にも収まらないであろう。

他方，国際法の世界でときに使われる言い方を借りるならば，自国の「死活的利益」にかかわる場合にのみ，他国を防衛するために武力を行使することができるとすることで，集団的自衛権が濫用される余地を限定しているかのように見せようとしているのかもしれない。その意図は理解できるが，ここでも，行使を限定しているかのように見せる「死活的利益」という文言は限定の役割を果たしていない。

ルソーが「戦争及び戦争状態論」において喝破した通り，生身の個人と違って突き詰めれば頭の中にしか存在しない人為的な約束ごと（マルクス流に言えば「上部構造」）である国家について，その「死活的利益」を特定することは容易ではない。生物と違って，国家はある程度食べれば満足するということはない。欲望には限りがないし，世界で起こるあらゆることが気にかかる。集団的自衛権論で援用される国家の「死活的利益」なる概念に「きわどい弛緩」が見られることは，国際法の碩学，祖川武夫がその集団的自衛権論でつとに指摘するところでもある[7)]。そうだとすれば，かつて「満蒙は日本の生命線」であったように，今はホルムズ海峡が日本の生命線だと言われることも不思議ではない。とはいえ，なぜホルムズ海峡が封鎖されると存立危機事態なのかと言えば，安倍首相によれば，寒冷地の救急車のガソリンが足りなくなるかもしれないというだけなのではあるが。

もっとも，国家について「死活的利益」を議論する余地が全くないわけではない。生き物ではなく，人為的な約束ごとである以上，所詮は比喩を超えるわけではないが，国家が「死んだ」と言い得る場合はある。たとえば，大規模な自然災害によって国家という約束ごとの土台にある人々の社会生活が破壊されることもある。地球温暖化によって，国土がすべて水没してしまえば，国家も「死んだ」と言えるだろう。また，外敵の軍事的攻撃によって物理的に社会生活の基盤が破壊されることもある。従来の政府見解が個別的自衛権を行使し得る場合として想定していたのは，そうした状況である。

7） 祖川武夫「集団的自衛――いわゆる US Formula の論理的構造と現実的機能」『祖川武夫論文集　国際法と戦争違法化――その論理構造と歴史性』（信山社，2004 年）166 頁～ 167 頁参照。

ただ，国家は約束ごとであるがゆえに，もう１つ別のレベルで「死んだ」と言い得る場合がある。それは国家という約束ごとの核心をなす憲法の基本原理が攻撃され，改変された場合である。ルソーはつとに，戦争とは敵国の社会契約に対する攻撃であることを指摘している。国土や市民生活に対する攻撃は手段に過ぎない。真の攻撃目標は，敵国の憲法の基本原理である。したがって，憲法原理を敵国の要求通りに変更しさえすれば，戦争は終結する。日本がポツダム宣言を受諾することで第二次世界大戦が終了したのもその例であるし，東欧諸国が共産主義を放棄することで冷戦が終結したのもその例である。憲法の基本原理が変更されたときも，国家は死ぬ。別の新たな約束ごとがそこに立ち現れる。そして今，日本の憲法の基本原理，つまり立憲主義に対して攻撃を加え，日本という国を殺そうとしているのが安倍政権である。石川健治教授が，7・1 閣議決定以降の一連の政府の動きを指して「クーデター」と形容しているのは誇張ではない[8)]。日本という国家体制の最悪の敵は安倍政権である。

集団的自衛権の行使が許されるのは，国際法上，攻撃を受けた国からの援助要請がある場合に限られる（国際司法裁判所ニカラグア事件判決）。したがって，日本と密接な関係にある他国が攻撃を受けて，そのため日本の存立の危機が生じた場合でも，当該他国からの援助要請がない限り，日本は自身の存立の危機が深まるのを，手を拱いて見守るしかないこととなる。個別的自衛権の行使とされてきた場面の一部を集団的自衛権の行使として整理し直すことは，日本の安全を明らかにより危険な状態にする。

従前と同様，日本自身の防衛のためのみに武力を行使する，それで日本はより安全になるという政府の主張は，到底額面通りに受け取ることはできない。アメリカの戦争の下請けとして，世界中で武力を行使し，後方支援をするための法制であることは，明らかである[9)]。

8）石川健治「『非立憲』政権によるクーデターが起きた」長谷部恭男＝杉田敦編『安保法制の何が問題か』（岩波書店，2015 年）211 頁以下参照。

9）安保法制については，外国軍隊等による武力行使と自衛隊の活動の一体化がもたらされるリスクも指摘されている。この点については，長谷部編・前掲注 6)所収の長谷部「序論」5 頁～ 6 頁及び大森＝長谷部〈対談〉47 頁～ 51 頁参照。

Ⅱ. 法の権威，解釈の権威

従来の政府解釈については，条文上の手掛かりに欠けているとの批判がなされることがある。しかし，すでに述べた通り国民の生命・財産の保全はいかなる国家であろうとも，最低限果たすべき普遍的な役割であり，国外からの急迫不正の侵害に対して実力の行使なくして対処することは不可能であることからすれば，個別的自衛権の行使が憲法９条の下においても認められるとの結論は，良識にかなうと考えられるし，またそれさえ否定することは，絶対平和主義という特定の価値観を人としての善き生き方として全国民に押しつけることになり，多様な価値観の公平な共存を実現しようとする近代立憲主義（狭義の立憲主義）の根本理念そのものと衝突する。

また，武力の行使一般と個別的自衛権の行使を区別するこうした解釈には，先例がないわけではない。前述したように，アメリカ合衆国憲法は条文上，軍事行動の開始（declare war）について連邦議会の承認を要求しているが，憲法制定議会においても大統領が独自の判断で急迫不正の侵害に対処する権限を持つことは疑われていなかった。ここでも，憲法を通じて政府による軍事力の行使に歯止めをかけるべき必要性と，外敵の攻撃という緊急事態に対処すべき必要性とのバランスをいかにとるかが問題とされている。

この問題はさらに，解釈とは何か，法の支配とはいかなる理念なのか，さらに憲法の条項は法と同じ機能をいつも果たしているのか，という諸論点とも関連する。法令の条文の解釈とは法令の素直な意味，つまり意味論上の意味が困難を引き起こす場合に必要とされる例外的な活動である[10)]。ジョゼフ・ラズが明らかにしたように[11)]，実定法の主要な役割は権威（authority）として機能すること，つまり人が自分で熟慮し，判断を下すまでもなく，法

10）この点については，長谷部恭男『比較不能な価値の迷路――リベラル・デモクラシーの憲法理論』（東京大学出版会，2000年）第８章「制定法の解釈と立法者意思」及び同『憲法の理性』（東京大学出版会，2006年）第15章「法源・解釈・法命題」でも取り扱った。

11）たとえば，Joseph Raz, *The Morality of Freedom* (Clarendon Press, 1986), Chapter 3参照。

の指示に従うことで，自身が本来とるべき行動をよりよくとることができる点にある。そうである以上，法の指示は明らか（透明）である必要がある。法令の文言の素直に指し示す意味の通りに受け取り，その通りに行動することができなければ，そもそも法は権威として機能し得ない。

しかし，あらゆる法がつねに権威として機能するわけではない。普遍的な概念を用い，一般的な形で指示する法の文言は，その日常言語上の意味通りに受け取り，その通りに行動すると，場合によっては良識に反する帰結を生み出すことがあるし，また，複数の法令が相互に抵触・衝突する方向性を指し示すこともある。漠然とした概念を用いているために，具体の場面でいかなる帰結を導くかが明らかでない場合もある。そうした例外的な場合に必要となるのが，解釈という活動である。つまり，法令の示す文言の通常の意味通りに受け取るのをやめて（あるいはそれができないので），具体的な場面において何が適切かを自分で判断する必要がある。そこでは法令は，権威としては機能しない。

言い換えれば，一般的には解釈抜きで意味を理解できるのでなければ，実定法は実定法としての役割を果たし得ない。さらに，アンドレイ・マルモアが指摘するように[12]，およそ文言や文章の意味の理解がすべて必ず解釈を前提とする，というテーゼは無限背進を導き，文言や文章の理解をおよそ不可能とする。解釈の結果たるテクストもその理解のためには解釈が要求され，その結果たるテクストもさらに解釈を要求することとなるからである。

憲法９条，とくにその２項を文言通りの意味で理解すべきだという人々は，９条２項を権威として受け取るべきだと主張していることになる。自分たちで判断するよりも，９条２項の文言通りに行動した方が，自分たちが本来とるべき行動をよりよくとることができると主張していることになる。

そこで言う「本来とるべき行動」が，日本国民の生命・財産の安全を実効的に保障する行動という意味であれば，９条２項の文言通りに行動することが，それと全く逆の帰結をもたらすことは，とくに議論するまでもないことであろう。ただ無抵抗のまま敵軍に虐殺されるに任せることが，国民の生

12）　Andrei Marmor, *Interpretation and Legal Theory*, 2nd ed. (Hart, 2005), esp., Chapter 2; 長谷部・前掲注 10)『比較不能な価値の迷路』113 頁～ 123 頁，同『憲法の理性』209 頁参照。

命・財産の安全につながるはずがないし，人民のゲリラ戦の実効性が常備の実力組織による防衛に優るという主張も理解不能なものである。

そうであれば，そこで言う「本来とるべき行動」なるものは，違う意味で受け取らなければそもそも意味をなさない。そうした「違う意味」があるとすれば，それは実効的な防衛措置をとることもなく，外敵のなすがままにされること，左の頬を打たれれば右の頬を差し出すだけでなく，命をもとられることが，人としての「善き生き方（死に方？）」を示しているがゆえに，そうすべきだというものであろう。しかし，こうした考え方は，多様な価値観・世界観の公平な共存を目指す近代立憲主義と両立し得ない[13)]。

法の支配の要請からして，法の明文の意味内容と異なる帰結を導くような解釈はとるべきではないとか，そうした解釈を要求するような条文は廃止すべきだと主張する人もいるようである。しかし，こうした主張は，法の支配が何のためにある理念なのかという論点，法の支配の射程とは何かという論点をそもそも理解し損なっているように思われる。

法の支配とは，法が法として機能するために要求される諸条件――法の公開性，明確性，一般性，安定性，無矛盾性，事後法の禁止等――を指す[14)]。これらの諸条件は，法が人の行動を指示する権威として役立つための条件である。人が自分自身で判断するまでもなく，法の指示に従うことで，本来自分がとるべき行動をよりよくとることができるという場面では，法令の条文は，法の支配の要請を満たしている必要がある。条文の意味を理解するために解釈が要求されるようでは，条文は権威としては役に立たない。通常のことば通りの意味に理解して，その通りに行動できるのでなければ，自分で判断するまでもなく，法の指示に従うことで，本来自分のとるべき行動をよりよくとることができることに，そもそもならないからである。

しかし，解釈が必要となる場面，つまり法が法としては機能しない場面，法以前の実践理性一般の地平に戻るべき場面では，法の支配が要求される前

13） この点については，長谷部恭男『憲法と平和を問いなおす』（ちくま新書，2004年）で詳しく述べたことがある。

14） 長谷部・前掲注10）『比較不能な価値の迷路』第10章「法の支配が意味しないこと」及び長谷部恭男『法とは何か――法思想史入門〔増補新版〕』（河出書房新社，2015年）第9章「法が法として機能する条件」参照。

提がそもそも満たされていない。せいぜい，解釈の結果として生み出される結論は，法の支配の求める諸条件を可能な限り満たすべきだという程度の話である。これまで説明してきたように，憲法９条２項は，権威として機能すべき条文ではない。文字通りに受け取ってその通りに行動すると，常識的に理解される政府のなすべき安全保障サービスの要請に完全に反する事態が生ずるし，そうした常識的ではない理解――絶対平和主義的理解――をとると，日本国憲法の根底にあるはずの近代立憲主義と根本的に対立することになる。ここでは，条文を解釈せざるを得ない。

条文自体を権威として受け止め，文言通りに理解して従うべきではないという条文は，憲法の中には少なくない。表現の自由や信教の自由など，国民の基本権にかかわる条文の多くは，こうした性格を持っている。あらゆる表現の自由を文字通り保障し，わいせつ表現も名誉毀損表現も制約すべきではないとは，誰も考えないはずである。これらの条文も，それ自体を権威として受け止めるべきではなく，解釈の対象とすべきものである。そして，人々の行動を方向づけることのできる解釈が確定すれば，その解釈が権威として機能することになる。憲法の権威ある解釈は，権威ある条文と並んで，政府の行動を枠づけ，その権限行使を制約する。機能する憲法こそが，立憲主義を支える[15)]。権威として機能している解釈は，とくに憲法として機能している解釈は，十分な理由がない限り，変更してはならない[16)]。

法の支配が重要であるから，解釈が必要となるような憲法の条文は廃止すべきである，解釈が不要となるように改正すべきである，さらには，数ある

15） ここで言う「機能する憲法」については，長谷部恭男『憲法の境界』（羽鳥書店，2009年）15頁～17頁参照。さらに，Joseph Raz, *Between Authority and Interpretation* (Oxford University Press, 2009), pp. 348-50 参照。そこでも指摘されているが，機能する憲法であるためには，狭義の立憲主義を含む道徳原理の枠内の解釈である必要がある。絶対平和主義的な９条理解は，その理由で機能する憲法たり得ない。また，安倍内閣による新たな９条解釈は，Ｉでも述べたように，従来の政府解釈との論理的整合性を確保し得ず，また政権内部でも具体の結論が区々に分かれる不安定な言明であって，そもそも「解釈」として機能し得ない。

16） 最高裁判所の下す解釈が最終的な「有権解釈」となるのも，権威ある解釈として現に機能しているからであって，それ以外の理由によるものではない。現に機能する最高裁判例に反する国家行為は違憲とされる。安倍内閣による解釈変更が違憲とされるのも，それと同様であって，とくに不思議な話ではない。

可能な解釈のうちの１つを別の解釈に取り替えただけなのだから，立憲主義に反することはない等という主張は――表面上のもっともらしさの風合いを備えてはいるものの――そもそも法の支配はどのような場面で何に奉仕すべき理念なのか，という論点を理解し損なっているばかりでなく，政府の活動を制約する「機能する憲法」は条文だけではなく有権解釈によっても構成されているという肝心の理を弁えない議論のように思われる[17)]。さらに，それ以前の問題として，法とはそもそもいかなる役割を果たすべきなのか，何のために存在するのかという点を理解し損なっている疑いがある[18)]。

Ⅲ．砂川事件最高裁判決の先例性

砂川事件最高裁判決を根拠に集団的自衛権の行使が合憲であるとの主張もなされているが，砂川事件で問題とされたのは，日米安全保障条約に基づく米軍駐留の合憲性であり，同条約は日本の個別的自衛権とアメリカの集団的自衛権との組み合わせで日本を防衛するものである。日本が集団的自衛権を行使し得るか否かは，全く争点となっていない。判決文自体がその冒頭で，本件で問題となるのは，日米（旧）安保条約に基づく米軍駐留の合憲性であることを明言している。

よく引き合いに出される「わが国が，自国の平和と安全を維持しその存立を全うするために必要な自衛のための措置をとりうることは，国家固有の権能の行使として当然のこと」という文言が現れる判決文の段落は，「憲法９条は，わが国がその平和と安全を維持するために他国に安全保障を求めるこ

17）　藤田宙靖「覚え書き――集団的自衛権の行使容認を巡る違憲論議について」自治研究 92 巻２号（2016 年）３頁以下は，安保法案に対する違憲論は，従来の解釈こそが憲法９条の正しい解釈であり，政府による新解釈は内容において誤った解釈であるとの「実体的判断」を前提としているのではないかとの疑問を提起するが（同 12 頁，16 頁等），本文で説明した通り，違憲論は，従来の解釈が憲法９条の唯一正しい解釈であるとの強い判断を論理的前提とする必要がない。この点については，長谷部恭男『憲法の理性〔増補新装版〕』（東京大学出版会，2016 年）補章Ⅱ参照。

18）　こうした主張は，安保法制に反対の声を上げずに黙っている人々にとっては，良心の呵責を癒してくれる精神安定剤として役立つのかもしれない。しかし，本文で説明した通り，こうした主張は誤った前提から出発して誤った結論に至る議論である。

とを，何ら禁ずるものではない」という結論で締めくくられている。つまり，憲法9条により「戦力は保持しない」ことから「生ずるわが国の防衛力の不足」を，アメリカに安全保障を求めることで補うことは禁じられないとの結論を支える過程で，日本は「必要な自衛のための措置」をとり得るとされているにとどまる。

最高裁判決の先例としての価値——つまり，当該先例から引き出される一般法理——は，あくまでいかなる具体的争点に対してなされた判断であるかに即して決まる。砂川事件判決から集団的自衛権の行使が合憲であるとの結論が導かれるとの主張は，こうした法律学の基本原則と衝突する。最高裁が傍論において重要な憲法判断を示すことはあるが（朝日訴訟，皇居前広場訴訟等），それらの判決では，最高裁が傍論において意図的に一般的な憲法法理を述べたことが明示され，そのことが誰の目にも明らかであった。砂川事件判決では，そうした事情はない。先に述べたように，集団的自衛権の行使を容認する最高裁の意図があったとは，全く認められない。

自民党の政治家は，最高裁がある種の統治行為論をとったことにも，救いを求めようとしているようであるが[19)]，これは，個別の紛争を決められた手続の下，限られた証拠のみに基づいて裁く司法機関である裁判所が，国家の存立にかかわる問題について政治部門の判断に対して謙譲を示すべきか否かという問題にとどまる。最高裁が回答を示すべきか否かという問題と，当該法令が違憲か合憲かという問題は異なる。たとえ最高裁が判断を示さないとしても，違憲の法律は違憲である。

そもそも，一方で最高裁が判断を避けていることを強調しておきながら，他方で判決文の片言隻句の意味を文脈から完全に切り離し，針小棒大に拡張して，集団的自衛権行使の根拠としようとするのは，牽強付会の域をも超えた暴論であろう。

さらに，違憲か合憲かの結論を出すのは最高裁なのだから，学者の見解を聞く必要はないという主張にいたっては，苦し紛れの言い逃れでしかない。合憲・違憲の結論を最終的に下すのが最高裁であるというのは，たしかにそ

19）　砂川事件最高裁判決における特殊な「統治行為論」については，長谷部恭男「砂川事件判決における『統治行為』論」法律時報87巻5号（2015年）44頁以下参照。

の通りである。しかし，法律問題について最終的に結論を出すという意味では，最高裁が最終的な有権解釈を下すのは，憲法に限ったことではない。民法も商法も労働法制も社会保障法制も同じことである。これらの法律問題について，最後の結論を出すのが最高裁だからと言って，学者をはじめとする専門家の意見を聞く必要はないということになるであろうか。だとすると，現在，さまざまな法制度を企画立案し，検討している霞が関の数多くの審議会や研究会は，何のために設置され，活動しているのであろうか。専門家の意見を聞くこともなしに，政府は膨大な法案を用意し，国会に提出することができるのだろうか。これまた，驚くべき暴論である。

Ⅳ．日本の安全保障の実質的な毀損

憲法上，深刻な疑義があることは分かった。しかし，安全保障上，安保法制は必要ではないか。これが推進派の本音である。「必要の前に法なし *necessitas non habet legem*」というわけである。もちろん，かりに必要があるとしても，憲法に違反してまで法制化することは本来できるはずのないことである。本当に必要だというのであれば，憲法を改正した上で法制化を進めるべきである。しかし，そもそも，そこで言われている「必要」は論証されているであろうか。あれほど声高に叫ばれたホルムズ海峡の機雷封鎖について，その現実的可能性がないこと，単独で行動する米艦を自衛隊が防護すべき現実的必要性があるとは考えがたいことは，国会審議の過程で，政府自身が認めた通りである。

7・1閣議決定は，集団的自衛権の行使が容認される根拠として，「我が国を取り巻く安全保障環境」の変化を持ち出しているが，その内容は，「パワーバランスの変化や技術革新の急速な進展，大量破壊兵器などの脅威等」というきわめて抽象的なものにとどまっており，説得力ある根拠を何ら提示していない[20]。かりに我が国を取り巻く安全保障環境が，本当により厳し

20） 2015年6月に公表された *Global Peace Index 2015*, by Institute for Economics and Peace によれば（http://www.visionofhumanity.org/#page/news/1187），日本は世界で8番目に平和で安全な国である。この順位はここ数年ほとんど変化していない。現状がそうであれば，余計なことはしないで，今まで通りのことをし続けるのが身のためであろ

い，深刻な方向に変化しているのであれば，今回の安保法制がそうしようとしているように，限られた我が国の防衛力を地球全体に拡散するのは愚の骨頂である。

世界各地でアメリカに軍事協力することで，日本の安全保障にアメリカがさらにコミットしてくれるとの希望的観測が語られることがある。しかし，アメリカはあくまで日米安全保障条約5条が定める通り，「自国の憲法上の規定及び手続に従つて」条約上の義務を果たすにとどまる。Ⅰでも述べたことだが，アメリカ合衆国憲法は本格的な軍事力の行使について，連邦議会の承認をその条件としていることを忘れるべきではない（1篇8節11項）。いざというとき，アメリカが日本を助けてくれる保証はない。かつてのソ連と異なり，現在の中国は，アメリカにとって不倶戴天の敵国ではないからである。いかなる国も，その軍事力を行使するのは，自国の利益に適う場合だけであることを肝に銘じる必要がある。最近，アメリカ軍の幹部が尖閣諸島の防衛に協力すると明言したと報道されているが[21)]，こうした発言を額面通りに受け取ってよいかは問題である。柳澤協二氏が指摘するように[22)]，人も住んでいない小島を守るために，アメリカの若者の血を流す用意がアメリカ政府にあるという想定は，さほど説得力のあるものではない。

また，アメリカの軍事行動に追随することが，世界の平和に積極的に貢献する保証も全くない。アフガニスタン，イラク，リビア，シリア等で，アメリカは浅薄な善悪二元論に基づき，確たる見通しもないままに願望思考に導かれて軍事介入し，その結果，これらの地域を大混乱に陥れ，テロリスト集団の勢力を拡大させている。この事態は，軍事力の行使に抑制的と言われるオバマ政権の下でも，基本的に変わってはいない。

集団的自衛権の行使を容認することが，抑止力を高めるとの主張も見られるが，これも説得力に乏しい。抑止力を高めるには，いかなる場合に集団的

う。実際には，政府・与党が訴えかけようとしているのは，日本の安全保障ではなく，「安心保障」論である。「安心したい」という心理的安定感を保障しようとしても，不安の種は尽きることはない。必要とされる措置はとどまるところを知らず，拡大するおそれがある。

21） 朝日新聞2016年1月28日付夕刊。

22） 柳澤協二『亡国の集団的自衛権』（集英社新書，2015年）145頁。

自衛権を新たに行使するかを周辺国に対して明確に示す必要がある。しかし前述の通り，ある者に言わせれば，今回の安保法制は，これまで以上の武力の行使を認めていない。だとすれば，抑止力は高まらない。他方，地球の裏側まで武力行使の範囲が広がるかのような言説も見られるが，そうした主張をする者も，いかなる場合に新たに武力が行使されるかを明確に述べようとはしない。最後は政府が総合的に判断して決めるというだけである。これでは，抑止力は高まりようがない[23)]。むしろ，偶発的な軍事衝突のリスクを高めるだけであろう。

そもそも，日本にとって肝心な抑止力とは何かと言えば，日本への攻撃を抑止することであるはずであって，もともと個別的自衛権の発動が問題となる局面でこそ，抑止力の有無やその強弱が問題となるはずである。今回の安保関連法制は，日本が他国（主にアメリカ）を防衛できるようにすることが狙いであって，なぜそれが日本にとっての抑止力を増すことにつながるのか，全く明らかでない[24)]。

さらに，一般論として抑止力を高めることが安全保障に寄与する保証も存在しない。我が国が抑止力を高めれば，相手側はさらに軍備を強化し，安全保障環境は悪化する可能性も少なくとも同じ程度に存在するからである。

そもそも日本の安全保障がなぜ必要かと言えば，それは現在の日本の政治体制，つまり立憲主義に基づくリベラル・デモクラシーの体制を維持することに意味があるはずだからである。憲法による政治権力の拘束という最低限の意味における立憲主義を破壊しておいて，一体何を守ろうというのであろうか。また，安全保障における同盟は，同盟国の政治体制が根本的に同一であるという信頼関係があってはじめて長期的に安定したものであり得る。今回の安倍政権のやり方は，日本が立憲主義に基づくリベラル・デモクラシーであるか，あり続けることができるかという点について，根底的な疑念を呼び起こすものである。それは結局，同盟国との信頼関係を深く傷つけることになるであろう。

23） 栗崎周平「集団的自衛権の抑止力について」長谷部＝杉田編・前掲注8)163頁以下参照。

24） 栗崎・前掲注23)177頁参照。

V．カウンター・デモクラシーの広がりを

安保関連法については，民主主義と立憲主義とが対立していると言われる。核心的な部分において憲法に反する法律を，数の力で押し通そうとする政府・与党とそれを批判する諸勢力が対峙した，そして今もその対峙が継続していることからすれば，これはあながち間違った形容ではないが，それは民主主義ということばの受け取り方にもよる。選挙によって選ばれた議員が国政について審議し決定するのが民主主義だという理解からすれば，今起こっているのは，たしかに民主主義と立憲主義との対立である。しかし，民主主義はそれにとどまるだろうか。留意しなければならないのは，議会や政府がいったん活動を始めれば，その活動はつねに，現実の国民の思いや希望とは独立に展開することである。

民主主義をより広がりをもって理解することもできる。フランスの政治史学者，ピエール・ロザンヴァロン（コレージュ・ドゥ・フランス教授）の提唱するカウンター・デモクラシーの視点からすれば，民主主義は，選挙を通じて選ばれた議員が国政について判断するプロセスにとどまるものではない[25)]。選挙による民意反映のプロセス以外に，ときにはそれへの対抗軸を示しつつ，このプロセスを整序し，補完し，方向づけることで，現実の民意をより正確に政治に反映する制度や運動として，多様なものが想定可能である。マスメディアの働きもその１つであろうし，専門的・技術的な知見を民主的な討議のプロセスに提供する大学やシンク・タンク等の諸機関の活動もそうであろう。さらに，多様な争点を抱き合わせた政策パッケージの競争という形で争われる議会選挙では十分に汲み取ることのできない，個々の争点に関する強い民意を示すデモや集会，住民投票等もまた選挙による民主政のプロセスを適切に補完する役割を果たす。

安保関連法に関して今，全国的に巻き起こっているのは，このカウンター・デモクラシーである。2015 年 8 月 30 日の国会周辺の抗議行動を含め

25） Pierre Rosanvallon, *Counter-Democracy: Politics in an Age of Distrust*, trans. Arthur Goldhammer (Cambridge University Press, 2008).

た全国各地での抗議活動も，そのあらわれであった。この動きをさらに広めて，民主主義をより完全なものにしていく必要がある。完全な民主主義がたとえ獲得不可能なものであったとしても，それを目指して努力しなければならない。そして，政治の動き自体を変えるためには，やはり選挙を通じたプロセスに訴えかける必要がある。安保法制のうちの違憲部分の廃止は，その第一歩である。2016 年 7 月の参議院選挙は，ダブル選挙とならない限り，政権選択の選挙にはならないであろう。政府を構成する権限において，衆議院は参議院に優越している（憲法 67 条 2 項）。しかし，自衛隊の出動命令に関する国会の承認については，衆議院の優越はない。参議院の多数で止めることができる——このことを忘れてはならない。

《資　料》

安保関連法制タイムライン

日本国憲法

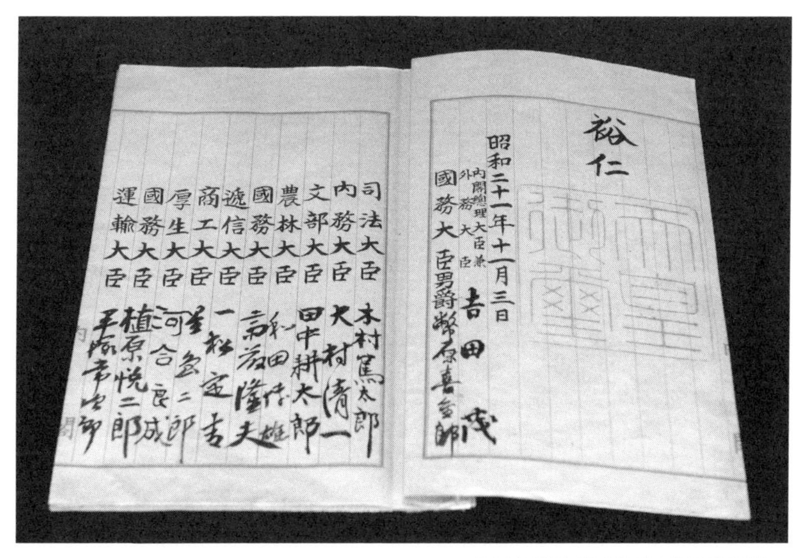

裕仁

昭和二十一年十一月三日

内閣總理大臣兼外務大臣　吉田茂

國務大臣男爵　幣原喜重郎

司法大臣　木村篤太郎

内務大臣　大村清一

文部大臣　田中耕太郎

農林大臣　和田博雄

國務大臣　斎藤隆夫

遞信大臣　一松定吉

商工大臣　星島二郎

厚生大臣　河合良成

國務大臣　植原悦二郎

運輸大臣　平塚常次郎

（日本国憲法 署名原本：毎日新聞社）

安保関連法制タイムライン

国会の動き	年月日	市民運動等
第2次安倍内閣発足（2014年9月3日まで）	2012年12月26日	
安全保障の法的基盤の再構築に関する懇談会（安保法制懇）再開	2013年2月7日	
安保法制懇が報告書を提出	2014年5月15日	
政府が臨時閣議で集団的自衛権を行使できるよう憲法解釈の変更を決定	7月1日	
第2次安倍内閣（改造）発足（2014年12月24日まで）	9月3日	
第3次安倍内閣発足（2015年10月7日まで）	12月24日	
安保関連法案を閣議決定	2015年5月14日	
衆院憲法審査会で憲法学者3人（長谷部恭男早稲田大教授，小林節慶応義塾大名誉教授，笹田栄司早稲田大教授）が安保関連法案を「違憲」と指摘 	6月4日	
	6月5日	学生団体SEALDsが国会前で抗議行動を開始（毎週金曜日）
	6月6日	憲法学者や政治学者によるシンポジウム「立憲主義の危機」が東京大学で開催

国会の動き	年月日	市民運動等
安倍首相，内外記者会見で安全保障関連法案は「憲法の基本的な論理は貫かれていると確信」と発言	6月8日	
政府見解「新三要件の従前の憲法解釈との論理的整合性等について」「他国の武力の行使との一体化の回避について」公表	6月9日	
	6月18日	瀬戸内寂聴さん国会前で抗議 
	6月21日	SEALDs関西が京都市内でデモ
衆院平和安全法制特別委員会参考人質疑において宮崎礼壹元内閣法制局長官「違憲」，阪田雅裕元内閣法制局長官「従来の政府見解を明らかに逸脱している」と批判	6月22日	
6月24日に会期末を迎える国会を9月27日まで95日間延長する方針を決定（安倍首相と公明党山口那津男代表の会談）	6月22日	
	7月2日	京都大学の教員と学生が「自由と平和のための京大有志の会」発足

国会の動き	年月日	市民運動等
衆院平和安全法制特別委員会が，採決の前提となる中央公聴会を13日に開催することを決定	7月3日	
衆議院安全法制特別委員会が那覇市とさいたま市で参考人質疑開催	7月6日	
衆院平和安全法制特別委員会が中央公聴会を開催。野党推薦の3人（小沢隆一東京慈恵医大教授，木村草太首都大学東京准教授，山口二郎法政大教授）が法案に否定的な見解を，与党推薦の2人（外交評論家の岡本行夫氏と，村田晃嗣同志社大学長）が賛意を表明	7月13日	国民安保法制懇のメンバー7人が安保関連法案の廃案を求める声明を発表
自民党谷垣禎一幹事長が党役員会で安保関連法案を15日に衆院平和安全法制特別委員会で採決する意向を表明	7月13日	
衆院平和安全法制特別委員会の理事会で，15日に締めくくりの質疑と採決を行うことを浜田靖一委員長が職権で決定	7月14日	
衆院平和安全法制特別委員会で強行採決。賛成多数により可決	7月15日	
衆院本会議で与党などの賛成多数により可決	7月16日	
	7月20日	「安全保障関連法案に反対する学者の会」が東京都内で記者会見。衆院での採決強行に対する抗議声明を発表

国会の動き	年月日	市民運動等
	7月26日	「安保関連法案に反対するママの会」東京渋谷でデモ
安保関連法案が参院本会議で審議入り	7月27日	
	7月31日	安保関連法案に反対する学生と大学の教授，約4000人が東京砂防会館で抗議集会を開催。国会周辺で請願デモ
	8月2日	東京渋谷で高校生ら約3000人が安全保障関連法案抗議デモ
	8月29日	安保関連法案に賛成する若者ら約500人が東京新宿でデモ
	8月30日	国会議事堂前で警察当局によると3万人，主催者発表で12万人による抗議活動
安倍晋三首相の任期満了による自民党総裁選が告示され，無投票で総裁再選	9月8日	
参院平和安全法制特別委員会参考人質疑。野党推薦の大森政輔元内閣法制局長官は違憲との認識を表明	9月8日	

国会の動き	年月日	市民運動等
参院平和安全法制特別委員会が中央公聴会開催。野党推薦の４人（濱田邦夫元最高裁判事，小林節慶應義塾大名誉教授，松井芳郎名古屋大名誉教授，奥田愛基SEALDsメンバー）は憲法違反との見解を，与党推薦の２人（坂元一哉大阪大教授，白石隆政策研究大学院大学長）は賛意を表明	9月15日	
参院平和安全法制特別委員会で強行採決。賛成多数で可決	9月17日	
参議院本会議で安保関連法成立	9月19日	
安保関連法公布	9月30日	
第３次安倍内閣（改造）発足	10月7日	
安保関連法施行	2016年3月29日	

Credit

2015年6月4日（衆院憲法審査会：時事）

2015年6月18日（瀬戸内寂聴：朝日新聞社／時事通信フォト）

2015年8月30日（デモ：AA／時事通信フォト）

2015年9月17日（参院平和安全法制特別委員会：時事）

日本国憲法

公布　昭和21・11・3／施行　昭和22・5・3（補則参照）

目次

朕は，日本国民の総意に基いて，新日本建設の礎が，定まるに至つたことを，深くよろこび，枢密顧問の諮詢及び帝国憲法第73条による帝国議会の議決を経た帝国憲法の改正を裁可し，ここにこれを公布せしめる。

御名御璽

昭和21年11月3日

内閣総理大臣兼外務大臣　吉田　茂
国務大臣　男爵　幣原喜重郎
司法大臣　木村篤太郎
内務大臣　大村清一
文部大臣　田中耕太郎
農林大臣　和田博雄
国務大臣　斎藤隆夫
逓信大臣　一松定吉
商工大臣　星島二郎
厚生大臣　河合良成
国務大臣　植原悦二郎

運輸大臣　　　　平塚常次郎
大蔵大臣　　　　石 橋 湛 山
国務大臣　　　　金森徳次郎
国務大臣　　　　膳　桂之助

日本国民は，正当に選挙された国会における代表者を通じて行動し，われらとわれらの子孫のために，諸国民との協和による成果と，わが国全土にわたつて自由のもたらす恵沢を確保し，政府の行為によつて再び戦争の惨禍が起ることのないやうにすることを決意し，ここに主権が国民に存することを宣言し，この憲法を確定する。そもそも国政は，国民の厳粛な信託によるものであつて，その権威は国民に由来し，その権力は国民の代表者がこれを行使し，その福利は国民がこれを享受する。これは人類普遍の原理であり，この憲法は，かかる原理に基くものである。われらは，これに反する一切の憲法，法令及び詔勅を排除する。

日本国民は，恒久の平和を念願し，人間相互の関係を支配する崇高な理想を深く自覚するのであつて，平和を愛する諸国民の公正と信義に信頼して，われらの安全と生存を保持しようと決意した。われらは，平和を維持し，専制と隷従，圧迫と偏狭を地上から永遠に除去しようと努めてゐる国際社会において，名誉ある地位を占めたいと思ふ。われらは，全世界の国民が，ひとしく恐怖と欠乏から免かれ，平和のうちに生存する権利を有することを確認する。

われらは，いづれの国家も，自国のことのみに専念して他国を無視してはならないのであつて，政治道徳の法則は，普遍的なものであり，この法則に従ふことは，自国の主権を維持し，他国と対等関係に立たうとする各国の責務であると信ずる。

日本国民は，国家の名誉にかけ，全力をあげてこの崇高な理想と目的を達成することを誓ふ。

第１章　天皇

第１条【天皇の地位・国民主権】

天皇は，日本国の象徴であり日本国民統合の象徴であつて，この地位は，主権の存する日本国民の総意に基く。

第２条【皇位の継承】

皇位は，世襲のものであつて，国会の議決した皇室典範の定めるところにより，これを継承する。

第３条【天皇の国事行為に対する内閣の助言と承認】

天皇の国事に関するすべての行為には，内閣の助言と承認を必要とし，内閣が，その責任を負ふ。

第４条【天皇の権能の限界，天皇の国事行為の委任】

① 天皇は，この憲法の定める国事に関する行為のみを行ひ，国政に関する権能を有しない。

② 天皇は，法律の定めるところにより，その国事に関する行為を委任することができる。

第５条【摂政】

皇室典範の定めるところにより摂政を置くときは，摂政は，天皇の名でその国事に関する行為を行ふ。この場合には，前条第１項の規定を準用する。

第６条【天皇の任命権】

① 天皇は，国会の指名に基いて，内閣総理大臣を任命する。

② 天皇は，内閣の指名に基いて，最高裁判所の長たる裁判官を任命する。

第７条【天皇の国事行為】

天皇は，内閣の助言と承認により，国民のために，左の国事に関する行為を行ふ。

一 憲法改正，法律，政令及び条約を公布すること。

二 国会を召集すること。

三 衆議院を解散すること。

四 国会議員の総選挙の施行を公示すること。

五 国務大臣及び法律の定めるその他の官吏の任免並びに全権委任状及び大使及び公使の信任状を認証すること。

六 大赦，特赦，減刑，刑の執行の免除及び復権を認証すること。

七 栄典を授与すること。

八 批准書及び法律の定めるその他の外交文書を認証すること。

九 外国の大使及び公使を接受すること。

十　儀式を行ふこと。

第8条【皇室の財産授受】

皇室に財産を譲り渡し，又は皇室が，財産を譲り受け，若しくは賜与することは，国会の議決に基かなければならない。

第2章　戦争の放棄

第9条【戦争の放棄，戦力及び交戦権の否認】

① 日本国民は，正義と秩序を基調とする国際平和を誠実に希求し，国権の発動たる戦争と，武力による威嚇又は武力の行使は，国際紛争を解決する手段としては，永久にこれを放棄する。

② 前項の目的を達するため，陸海空軍その他の戦力は，これを保持しない。国の交戦権は，これを認めない。

第3章　国民の権利及び義務

第10条【国民の要件】

日本国民たる要件は，法律でこれを定める。

第11条【基本的人権の享有】

国民は，すべての基本的人権の享有を妨げられない。この憲法が国民に保障する基本的人権は，侵すことのできない永久の権利として，現在及び将来の国民に与へられる。

第12条【自由・権利の保持の責任とその濫用の禁止】

この憲法が国民に保障する自由及び権利は，国民の不断の努力によつて，これを保持しなければならない。又，国民は，これを濫用してはならないのであつて，常に公共の福祉のためにこれを利用する責任を負ふ。

第13条【個人の尊重・幸福追求権・公共の福祉】

すべて国民は，個人として尊重される。生命，自由及び幸福追求に対する国民の権利については，公共の福祉に反しない限り，立法その他の国政の上で，最大の尊重を必要とする。

第14条【法の下の平等，貴族の禁止，栄典】

① すべて国民は，法の下に平等であつて，人種，信条，性別，社会的身分又は門地により，政治的，経済的又は社会的関係において，差別されない。

② 華族その他の貴族の制度は，これを認めない。

③ 栄誉，勲章その他の栄典の授与は，いかなる特権も伴はない。栄典の授与は，現にこれを有し，又は将来これを受ける者の一代に限り，その効力を有する。

第15条【公務員選定罷免権，公務員の本質，普通選挙の保障，秘密投票の保障】

① 公務員を選定し，及びこれを罷免することは，国民固有の権利である。

② すべて公務員は，全体の奉仕者であつて，一部の奉仕者ではない。

③ 公務員の選挙については，成年者による普通選挙を保障する。

④ すべて選挙における投票の秘密は，これを侵してはならない。選挙人は，その選択に関し公的にも私的にも責任を問はれない。

第16条【請願権】

何人も，損害の救済，公務員の罷免，法律，命令又は規則の制定，廃止又は改正その他の事項に関し，平穏に請願する権利を有し，何人も，かかる請願をしたためにいかなる差別待遇も受けない。

第17条【国及び公共団体の賠償責任】

何人も，公務員の不法行為により，損害を受けたときは，法律の定めるところにより，国又は公共団体に，その賠償を求めることができる。

第18条【奴隷的拘束及び苦役からの自由】

何人も，いかなる奴隷的拘束も受けない。又，犯罪に因る処罰の場合を除いては，その意に反する苦役に服させられない。

第19条【思想及び良心の自由】

思想及び良心の自由は，これを侵してはならない。

第20条【信教の自由】

① 信教の自由は，何人に対してもこれを保障する。いかなる宗教団体も，国から特権を受け，又は政治上の権力を行使してはならない。

② 何人も，宗教上の行為，祝典，儀式又は行事に参加することを強制されない。

③ 国及びその機関は，宗教教育その他いかなる宗教的活動もしてはならない。

第21条【集会・結社・表現の自由，通信の秘密】

① 集会，結社及び言論，出版その他一切の表現の自由は，これを保障する。

② 検閲は，これをしてはならない。通信の秘密は，これを侵してはならない。

第 22 条【居住・移転及び職業選択の自由，外国移住及び国籍離脱の自由】

① 何人も，公共の福祉に反しない限り，居住，移転及び職業選択の自由を有する。

② 何人も，外国に移住し，又は国籍を離脱する自由を侵されない。

第 23 条【学問の自由】

学問の自由は，これを保障する。

第 24 条【家族生活における個人の尊厳と両性の平等】

① 婚姻は，両性の合意のみに基いて成立し，夫婦が同等の権利を有することを基本として，相互の協力により，維持されなければならない。

② 配偶者の選択，財産権，相続，住居の選定，離婚並びに婚姻及び家族に関するその他の事項に関しては，法律は，個人の尊厳と両性の本質的平等に立脚して，制定されなければならない。

第 25 条【生存権，国の社会的使命】

① すべて国民は，健康で文化的な最低限度の生活を営む権利を有する。

② 国は，すべての生活部面について，社会福祉，社会保障及び公衆衛生の向上及び増進に努めなければならない。

第 26 条【教育を受ける権利，教育の義務】

① すべて国民は，法律の定めるところにより，その能力に応じて，ひとしく教育を受ける権利を有する。

② すべて国民は，法律の定めるところにより，その保護する子女に普通教育を受けさせる義務を負ふ。義務教育は，これを無償とする。

第 27 条【勤労の権利及び義務，勤労条件の基準，児童酷使の禁止】

① すべて国民は，勤労の権利を有し，義務を負ふ。

② 賃金，就業時間，休息その他の勤労条件に関する基準は，法律でこれを定める。

③ 児童は，これを酷使してはならない。

第 28 条【勤労者の団結権】

勤労者の団結する権利及び団体交渉その他の団体行動をする権利は，これを保障する。

第 29 条【財産権】

① 財産権は，これを侵してはならない。

② 財産権の内容は，公共の福祉に適合するやうに，法律でこれを定める。

③ 私有財産は，正当な補償の下に，これを公共のために用ひることができる。

第 30 条【納税の義務】

国民は，法律の定めるところにより，納税の義務を負ふ。

第 31 条【法定の手続の保障】

何人も，法律の定める手続によらなければ，その生命若しくは自由を奪はれ，又はその他の刑罰を科せられない。

第 32 条【裁判を受ける権利】

何人も，裁判所において裁判を受ける権利を奪はれない。

第 33 条【逮捕の要件】

何人も，現行犯として逮捕される場合を除いては，権限を有する司法官憲が発し，且つ理由となつてゐる犯罪を明示する令状によらなければ，逮捕されない。

第 34 条【抑留・拘禁の要件，不当拘禁に対する保障】

何人も，理由を直ちに告げられ，且つ，直ちに弁護人に依頼する権利を与へられなければ，抑留又は拘禁されない。又，何人も，正当な理由がなければ，拘禁されず，要求があれば，その理由は，直ちに本人及びその弁護人の出席する公開の法廷で示されなければならない。

第 35 条【住居の不可侵】

① 何人も，その住居，書類及び所持品について，侵入，捜索及び押収を受けることのない権利は，第 33 条の場合を除いては，正当な理由に基いて発せられ，且つ捜索する場所及び押収する物を明示する令状がなければ，侵されない。

② 捜索又は押収は，権限を有する司法官憲が発する各別の令状により，これを行ふ。

第 36 条【拷問及び残虐刑の禁止】

公務員による拷問及び残虐な刑罰は，絶対にこれを禁ずる。

第 37 条【刑事被告人の権利】

① すべて刑事事件においては，被告人は，公平な裁判所の迅速な公開裁判を受ける権利を有する。

② 刑事被告人は，すべての証人に対して審問する機会を充分に与へられ，又，公費で自己のために強制的手続により証人を求める権利を有する。

③ 刑事被告人は，いかなる場合にも，資格を有する弁護人を依頼することができる。被告人が自らこれを依頼することができないときは，国でこれを附する。

第 38 条【自己に不利益な供述，自白の証拠能力】

① 何人も，自己に不利益な供述を強要されない。

② 強制，拷問若しくは脅迫による自白又は不当に長く抑留若しくは拘禁された後の自白は，これを証拠とすることができない。

③ 何人も，自己に不利益な唯一の証拠が本人の自白である場合には，有罪とされ，又は刑罰を科せられない。

第 39 条【遡及処罰の禁止・一事不再理】

何人も，実行の時に適法であつた行為又は既に無罪とされた行為については，刑事上の責任を問はれない。又，同一の犯罪について，重ねて刑事上の責任を問はれない。

第 40 条【刑事補償】

何人も，抑留又は拘禁された後，無罪の裁判を受けたときは，法律の定めるところにより，国にその補償を求めることができる。

第 4 章　国会

第 41 条【国会の地位・立法権】

国会は，国権の最高機関であつて，国の唯一の立法機関である。

第 42 条【両院制】

国会は，衆議院及び参議院の両議院でこれを構成する。

第 43 条【両議院の組織・代表】

① 両議院は，全国民を代表する選挙された議員でこれを組織する。

② 両議院の議員の定数は，法律でこれを定める。

第 44 条【議員及び選挙人の資格】

両議院の議員及びその選挙人の資格は，法律でこれを定める。但し，人種，信条，性別，社会的身分，門地，教育，財産又は収入によつて差別してはならない。

第 45 条【衆議院議員の任期】

衆議院議員の任期は，4 年とする。但し，衆議院解散の場合には，その期間満了前に終了する。

第 46 条【参議院議員の任期】

参議院議員の任期は，6 年とし，3 年ごとに議員の半数を改選する。

第 47 条【選挙に関する事項】

選挙区，投票の方法その他両議院の議員の選挙に関する事項は，法律でこれを定める。

第 48 条【両議院議員兼職の禁止】

何人も，同時に両議院の議員たることはできない。

第 49 条【議員の歳費】

両議院の議員は，法律の定めるところにより，国庫から相当額の歳費を受ける。

第 50 条【議員の不逮捕特権】

両議院の議員は，法律の定める場合を除いては，国会の会期中逮捕されず，会期前に逮捕された議員は，その議院の要求があれば，会期中これを釈放しなければならない。

第 51 条【議員の発言・表決の免責】

両議院の議員は，議院で行つた演説，討論又は表決について，院外で責任を問はれない。

第 52 条【常会】

国会の常会は，毎年 1 回これを召集する。

第 53 条【臨時会】

内閣は，国会の臨時会の召集を決定することができる。いづれかの議院の総議員の 4 分の 1 以上の要求があれば，内閣は，その召集を決定しなければならない。

第 54 条【衆議院の解散・特別会，参議院の緊急集会】

① 衆議院が解散されたときは，解散の日から 40 日以内に，衆議院議員の総選挙を行ひ，その選挙の日から 30 日以内に，国会を召集しなければならない。

② 衆議院が解散されたときは，参議院は，同時に閉会となる。但し，内閣は，国に緊急の必要があるときは，参議院の緊急集会を求めることができる。

③ 前項但書の緊急集会において採られた措置は，臨時のものであつて，次の国会開会の後 10 日以内に，衆議院の同意がない場合には，その効力を失ふ。

第 55 条【資格争訟の裁判】

両議院は，各々その議員の資格に関する争訟を裁判する。但し，議員の議席を失はせるには，出席議員の 3 分の 2 以上の多数による議決を必要とする。

第 56 条【定足数，表決】

① 両議院は，各々その総議員の 3 分の 1 以上の出席がなければ，議事を開き議決することができない。

② 両議院の議事は，この憲法に特別の定のある場合を除いては，出席議員の過半数でこれを決し，可否同数のときは，議長の決するところによる。

第 57 条【会議の公開，会議録，表決の記載】

① 両議院の会議は，公開とする。但し，出席議員の 3 分の 2 以上の多数で議決したときは，秘密会を開くことができる。

② 両議院は，各々その会議の記録を保存し，秘密会の記録の中で特に秘密を要すると認められるもの以外は，これを公表し，且つ一般に頒布しなければならない。

③ 出席議員の 5 分の 1 以上の要求があれば，各議員の表決は，これを会議録に記載しなければならない。

第 58 条【役員の選任，議院規則・懲罰】

① 両議院は，各々その議長その他の役員を選任する。

② 両議院は，各々その会議その他の手続及び内部の規律に関する規則を定め，又，院内の秩序をみだした議員を懲罰することができる。但し，議員を除名するには，出席議員の 3 分の 2 以上の多数による議決を必要とする。

第 59 条【法律案の議決，衆議院の優越】

① 法律案は，この憲法に特別の定のある場合を除いては，両議院で可決したとき法律となる。

② 衆議院で可決し，参議院でこれと異なつた議決をした法律案は，衆議院で出席議員の 3 分の 2 以上の多数で再び可決したときは，法律となる。

③ 前項の規定は，法律の定めるところにより，衆議院が，両議院の協議会を開くことを求めることを妨げない。

④ 参議院が，衆議院の可決した法律案を受け取つた後，国会休会中の期間を除いて 60 日以内に，議決しないときは，衆議院は，参議院がその法律案を否決したものとみなすことができる。

第 60 条【衆議院の予算先議，予算議決に関する衆議院の優越】

① 予算は，さきに衆議院に提出しなければならない。

② 予算について，参議院で衆議院と異なつた議決をした場合に，法律の定めるところにより，両議院の協議会を開いても意見が一致しないとき，又は参議院が，衆議院の可決した予算を受け取つた後，国会休会中の期間を除いて 30 日以内に，議決しないときは，衆議院の議決を国会の議決とする。

第 61 条【条約の承認に関する衆議院の優越】

条約の締結に必要な国会の承認については，前条第 2 項の規定を準用する。

第 62 条【議院の国政調査権】

両議院は，各々国政に関する調査を行ひ，これに関して，証人の出頭及び証言並びに記録の提出を要求することができる。

第 63 条【閣僚の議員出席の権利と義務】

内閣総理大臣その他の国務大臣は，両議院の一に議席を有すると有しないとにかかはらず，何時でも議案について発言するため議院に出席することができる。又，答弁又は説明のため出席を求められたときは，出席しなければならない。

第 64 条【弾劾裁判所】

① 国会は，罷免の訴追を受けた裁判官を裁判するため，両議院の議員で組織する弾劾裁判所を設ける。

② 弾劾に関する事項は，法律でこれを定める。

第5章　内閣

第65条【行政権】

行政権は，内閣に属する。

第66条【内閣の組織，国会に対する連帯責任】

① 内閣は，法律の定めるところにより，その首長たる内閣総理大臣及びその他の国務大臣でこれを組織する。

② 内閣総理大臣その他の国務大臣は，文民でなければならない。

③ 内閣は，行政権の行使について，国会に対し連帯して責任を負ふ。

第67条【内閣総理大臣の指名，衆議院の優越】

① 内閣総理大臣は，国会議員の中から国会の議決で，これを指名する。この指名は，他のすべての案件に先だつて，これを行ふ。

② 衆議院と参議院とが異なつた指名の議決をした場合に，法律の定めるところにより，両議院の協議会を開いても意見が一致しないとき，又は衆議院が指名の議決をした後，国会休会中の期間を除いて10日以内に，参議院が，指名の議決をしないときは，衆議院の議決を国会の議決とする。

第68条【国務大臣の任命及び罷免】

① 内閣総理大臣は，国務大臣を任命する。但し，その過半数は，国会議員の中から選ばれなければならない。

② 内閣総理大臣は，任意に国務大臣を罷免することができる。

第69条【内閣不信任決議の効果】

内閣は，衆議院で不信任の決議案を可決し，又は信任の決議案を否決したときは，10日以内に衆議院が解散されない限り，総辞職をしなければならない。

第70条【内閣総理大臣の欠缺・新国会の召集と内閣の総辞職】

内閣総理大臣が欠けたとき，又は衆議院議員総選挙の後に初めて国会の召集があつたときは，内閣は，総辞職をしなければならない。

第71条【総辞職後の内閣】

前二条の場合には，内閣は，あらたに内閣総理大臣が任命されるまで引き続きその職務を行ふ。

第72条【内閣総理大臣の職務】

内閣総理大臣は，内閣を代表して議案を国会に提出し，一般国務及び外交関係について国会に報告し，並びに行政各部を指揮監督する。

第 73 条【内閣の職務】

内閣は，他の一般行政事務の外，左の事務を行ふ。

一　法律を誠実に執行し，国務を総理すること。

二　外交関係を処理すること。

三　条約を締結すること。但し，事前に，時宜によつては事後に，国会の承認を経ることを必要とする。

四　法律の定める基準に従ひ，官吏に関する事務を掌理すること。

五　予算を作成して国会に提出すること。

六　この憲法及び法律の規定を実施するために，政令を制定すること。但し，政令には，特にその法律の委任がある場合を除いては，罰則を設けることができない。

七　大赦，特赦，減刑，刑の執行の免除及び復権を決定すること。

第 74 条【法律・政令の署名】

法律及び政令には，すべて主任の国務大臣が署名し，内閣総理大臣が連署することを必要とする。

第 75 条【国務大臣の特典】

国務大臣は，その在任中，内閣総理大臣の同意がなければ，訴追されない。但し，これがため，訴追の権利は，害されない。

第 6 章　司法

第 76 条【司法権・裁判所，特別裁判所の禁止，裁判官の独立】

①　すべて司法権は，最高裁判所及び法律の定めるところにより設置する下級裁判所に属する。

②　特別裁判所は，これを設置することができない。行政機関は，終審として裁判を行ふことができない。

③　すべて裁判官は，その良心に従ひ独立してその職権を行ひ，この憲法及び法律にのみ拘束される。

第 77 条【最高裁判所の規則制定権】

①　最高裁判所は，訴訟に関する手続，弁護士，裁判所の内部規律及び司法事務処理に関する事項について，規則を定める権限を有する。

②　検察官は，最高裁判所の定める規則に従はなければならない。

③　最高裁判所は，下級裁判所に関する規則を定める権限を，下級裁判所に委任することができる。

第 78 条【裁判官の身分の保障】

裁判官は，裁判により，心身の故障のために職務を執ることができないと決定された場合を除いては，公の弾劾によらなければ罷免されない。裁判官の懲戒処分は，行政機関がこれを行ふことはできない。

第 79 条【最高裁判所の裁判官，国民審査，定年，報酬】

①　最高裁判所は，その長たる裁判官及び法律の定める員数のその他の裁判官でこれを構成し，その長たる裁判官以外の裁判官は，内閣でこれを任命する。

②　最高裁判所の裁判官の任命は，その任命後初めて行はれる衆議院議員総選挙の際国民の審査に付し，その後 10 年を経過した後初めて行はれる衆議院議員総選挙の際更に審査に付し，その後も同様とする。

③　前項の場合において，投票者の多数が裁判官の罷免を可とするときは，その裁判官は，罷免される。

④　審査に関する事項は，法律でこれを定める。

⑤　最高裁判所の裁判官は，法律の定める年齢に達した時に退官する。

⑥　最高裁判所の裁判官は，すべて定期に相当額の報酬を受ける。この報酬は，在任中，これを減額することができない。

第 80 条【下級裁判所の裁判官・任期・定年，報酬】

①　下級裁判所の裁判官は，最高裁判所の指名した者の名簿によつて，内閣でこれを任命する。その裁判官は，任期を 10 年とし，再任されることができる。但し，法律の定める年齢に達した時には退官する。

②　下級裁判所の裁判官は，すべて定期に相当額の報酬を受ける。この報酬は，在任中，これを減額することができない。

第 81 条【法令審査権と最高裁判所】

最高裁判所は，一切の法律，命令，規則又は処分が憲法に適合するかしないかを決定する権限を有する終審裁判所である。

第 82 条【裁判の公開】

①　裁判の対審及び判決は，公開法廷でこれを行ふ。

②　裁判所が，裁判官の全員一致で，公の秩序又は善良の風俗を害する虞が

あると決した場合には，対審は，公開しないでこれを行ふことができる。但し，政治犯罪，出版に関する犯罪又はこの憲法第３章で保障する国民の権利が問題となつてゐる事件の対審は，常にこれを公開しなければならない。

第７章　財政

第 83 条【財政処理の基本原則】

国の財政を処理する権限は，国会の議決に基いて，これを行使しなければならない。

第 84 条【課税】

あらたに租税を課し，又は現行の租税を変更するには，法律又は法律の定める条件によることを必要とする。

第 85 条【国費の支出及び国の債務負担】

国費を支出し，又は国が債務を負担するには，国会の議決に基くことを必要とする。

第 86 条【予算】

内閣は，毎会計年度の予算を作成し，国会に提出して，その審議を受け議決を経なければならない。

第 87 条【予備費】

①　予見し難い予算の不足に充てるため，国会の議決に基いて予備費を設け，内閣の責任でこれを支出することができる。

②　すべて予備費の支出については，内閣は，事後に国会の承諾を得なければならない。

第 88 条【皇室財産・皇室の費用】

すべて皇室財産は，国に属する。すべて皇室の費用は，予算に計上して国会の議決を経なければならない。

第 89 条【公の財産の支出又は利用の制限】

公金その他の公の財産は，宗教上の組織若しくは団体の使用，便益若しくは維持のため，又は公の支配に属しない慈善，教育若しくは博愛の事業に対し，これを支出し，又はその利用に供してはならない。

第90条【決算検査，会計検査院】

① 国の収入支出の決算は，すべて毎年会計検査院がこれを検査し，内閣は，次の年度に，その検査報告とともに，これを国会に提出しなければならない。

② 会計検査院の組織及び権限は，法律でこれを定める。

第91条【財政状況の報告】

内閣は，国会及び国民に対し，定期に，少くとも毎年1回，国の財政状況について報告しなければならない。

第8章　地方自治

第92条【地方自治の基本原則】

地方公共団体の組織及び運営に関する事項は，地方自治の本旨に基いて，法律でこれを定める。

第93条【地方公共団体の機関，その直接選挙】

① 地方公共団体には，法律の定めるところにより，その議事機関として議会を設置する。

② 地方公共団体の長，その議会の議員及び法律の定めるその他の吏員は，その地方公共団体の住民が，直接これを選挙する。

第94条【地方公共団体の権能】

地方公共団体は，その財産を管理し，事務を処理し，及び行政を執行する権能を有し，法律の範囲内で条例を制定することができる。

第95条【特別法の住民投票】

一の地方公共団体のみに適用される特別法は，法律の定めるところにより，その地方公共団体の住民の投票においてその過半数の同意を得なければ，国会は，これを制定することができない。

第9章　改正

第96条【改正の手続，その公布】

① この憲法の改正は，各議院の総議員の3分の2以上の賛成で，国会が，これを発議し，国民に提案してその承認を経なければならない。この承認には，特別の国民投票又は国会の定める選挙の際行はれる投票において，

その過半数の賛成を必要とする。
② 憲法改正について前項の承認を経たときは，天皇は，国民の名で，この憲法と一体を成すものとして，直ちにこれを公布する。

第 10 章　最高法規

第 97 条【基本的人権の本質】

この憲法が日本国民に保障する基本的人権は，人類の多年にわたる自由獲得の努力の成果であつて，これらの権利は，過去幾多の試錬に堪へ，現在及び将来の国民に対し，侵すことのできない永久の権利として信託されたものである。

第 98 条【最高法規，条約及び国際法規の遵守】

① この憲法は，国の最高法規であつて，その条規に反する法律，命令，詔勅及び国務に関するその他の行為の全部又は一部は，その効力を有しない。
② 日本国が締結した条約及び確立された国際法規は，これを誠実に遵守することを必要とする。

第 99 条【憲法尊重擁護の義務】

天皇又は摂政及び国務大臣，国会議員，裁判官その他の公務員は，この憲法を尊重し擁護する義務を負ふ。

第 11 章　補則

第 100 条【憲法施行期日，準備手続】

① この憲法は，公布の日から起算して 6 箇月を経過した日（昭和 22・5・3）から，これを施行する。
② この憲法を施行するために必要な法律の制定，参議院議員の選挙及び国会召集の手続並びにこの憲法を施行するために必要な準備手続は，前項の期日よりも前に，これを行ふことができる。

第 101 条【経過規定―参議院未成立の間の国会】

この憲法施行の際，参議院がまだ成立してゐないときは，その成立するまでの間，衆議院は，国会としての権限を行ふ。

第 102 条【同前―第 1 期の参議院議員の任期】

この憲法による第 1 期の参議院議員のうち，その半数の者の任期は，これを

3年とする。その議員は，法律の定めるところにより，これを定める。

第103条【同前―公務員の地位】

この憲法施行の際現に在職する国務大臣，衆議院議員及び裁判官並びにその他の公務員で，その地位に相応する地位がこの憲法で認められてゐる者は，法律で特別の定をした場合を除いては，この憲法施行のため，当然にはその地位を失ふことはない。但し，この憲法によつて，後任者が選挙又は任命されたときは，当然その地位を失ふ。

安保法制から考える憲法と立憲主義・民主主義

Constitutional Law and Politics in view of the Security Laws

2016年6月25日　初版第1刷発行

編　者　長谷部恭男

発行者　江草貞治

発行所　株式会社 有斐閣

郵便番号 101-0051
東京都千代田区神田神保町 2-17
電話(03)3264-1311[編集]
(03)3265-6811[営業]
http://www.yuhikaku.co.jp/

印　刷　萩原印刷株式会社
製　本　大口製本印刷株式会社
装　丁　キタダデザイン

ISBN 978-4-641-22714-9